Neue Methoden der Berechnung ebener und räumlicher Fachwerke.

Von

Dr. ing. Dr. phil. **Heinz Egerer,**

Diplom-Ingenieur.

Mit 65 in den Text gedruckten Abbildungen.

Springer-Verlag Berlin Heidelberg GmbH

1909.

ISBN 978-3-662-38772-6   ISBN 978-3-662-39669-8 (eBook)
DOI 10.1007/978-3-662-39669-8

Vorwort.

Die vorliegende Arbeit bedeutet zunächst den Versuch, den inneren organischen Zusammenhang der verschiedenen Methoden der graphischen Statik zur Lösung der ihr gestellten Aufgaben mit Hilfe allgemeiner statischer Betrachtungen, wie sie vor allem die Vektorenrechnung gestattet, auch äußerlich sichtbar zu gestalten. Das Ziel eines solchen Versuches wird also sein, einen möglichst innigen Zusammenhang dieser verschiedenen Lösungsmethoden herzustellen.

Die Anwendung allgemeiner statischer Überlegungen muß aber, wenn diese selbst nach Form oder Inhalt neu sind, naturgemäß neue Wege bieten für die Ermittlung statischer Größen. In der Tat bilden den Hauptinhalt der vorliegenden Schrift neue vereinfachende Lösungsmethoden ebener und hauptsächlich räumlicher statischer Aufgaben.

Wer sich bestrebt, in den Geist solcher Methoden zu dringen, wer auch scheinbare Nebensächlichkeiten der Mühe der Betrachtung wert erachtet, der wird gar bald allgemeine Gesichtspunkte auffinden, die er mutatis mutandis auf alle Probleme mit Erfolg anwenden kann. Daß z. B. bei der Konstruktion von Kräfteplänen zum Schluß, bei den letzten Knotenpunkten, sich Kontrollen ergeben, fällt meist nicht weiter auf. Und doch wäre hier eine Reihe von Fragen zu stellen: Gibt es immer solche Kontrollen? Wie viele? Warum? Was für eine statische Bedeutung haben sie? Wie lassen sich solche Kontrollgleichungen praktisch verwerten?

Von solchen scheinbar nebensächlichen Dingen ausgehend und nach ihrer Bedeutung und praktischen Verwertung fragend bin ich veranlaßt worden, die in den nachstehenden Zeilen behandelten allgemeinen Methoden zur Lösung statischer Aufgaben vorzuschlagen.

Ihr Gedankengang, ihr allgemeiner zunächst, ist der: Man hat durch die Natur statischer Aufgaben einfache Gleichungen genug zur Verfügung, um alle gewünschten unbekannten Größen zu ermitteln.

Solche einfache Gleichungen, die bei allen statischen Problemen auftreten, sind vor allem die Kontrollgleichungen. Diese in Verbindung mit dem Superpositionsprinzip: Die resultierende Wirkung ist gleich der graphischen Summe der Einzelwirkungen, bilden den Inhalt des Korrekturprinzips.

Eine andere Methode, für ein gegebenes System unbekannter Kräfte möglichst einfache Gleichungen aufzustellen, dadurch daß man mit dem System dieser Kräfte eine Raumtransformation vornimmt, habe ich an einigen Beispielen klar zu machen versucht. Auch noch auf andern Gebieten der Statik sind solche Transformationen, speziell die homogene Deformation, mit Erfolg anzuwenden; ich möchte beispielshalber nur an die Bestimmung der Torsionsbeanspruchung von Stäben elliptischer, quadratischer usw. Querschnitte erinnern, die man sich aus dem kreisförmigen durch einfache Deformation hervorgegangen vorstellen kann. Die für diese Transformation notwendige Auffassung eines Körpers als ein System von materiellen Punkten verbunden durch Stäbe, d. h. als ein Fachwerk, gestattet auch andere Aufgaben leicht zu lösen. Der Satz von Castigliano etwa läßt sich so auch für den allgemeinsten Fall der Beanspruchung recht einfach entwickeln.

Statt ein gegebenes System unbekannter Kräfte durch eine Raumtransformation umzuwandeln und dann rechtwinklig zu projizieren, kann man auch derart vorgehen, daß man von einem passend gewählten Punkt aus das vorliegende System auf eine passend gewählte Ebene projiziert. Diese Methode der Zentralprojektion, anschaulicher und der sinnlichen Betrachtung näher gerückt als die ihr äquivalente Methode der homogenen Deformation, läßt die meisten räumlichen Statikaufgaben recht einfach behandeln; verschiedene Beispiele sollen den Nachweis dafür bringen.

Weitaus am einfachsten aber gestaltet sich die Berechnung einer räumlichen Fachwerkskonstruktion nach der K o m p o n e n t e n - m e t h o d e, vorausgesetzt daß sie überhaupt anwendbar ist. Daß sie bislang so wenig benützt wurde, ist eigentlich zu verwundern im Hinblick auf die durch sie gegebene Möglichkeit einer man kann direkt sagen eleganten Lösung.

Zum Schluß möchte ich noch bemerken, daß manche der gebrachten Lösungen auf dem angegebenen Weg sich jedenfalls noch einfacher durchführen lassen, speziell z. B. die Berechnung der Reichstagskuppel; indessen ist der Hauptzweck der nachfolgenden Überlegungen nur, den Gedanken der Lösung recht einfach zu gestalten, ein Grund mit dafür, daß die vollständige Durchführung einiger der gebrachten Aufgaben unterblieb.

München, Januar 1909.

H. Egerer.

Inhaltsverzeichnis.

Inhaltsverzeichnis.

VII

Allgemeine Behandlung linearer statischer und geometrischer Probleme.

§ 1.
Das Superpositionsprinzip.

1. Dieses Prinzip soll in den nächsten Zeilen soweit bewiesen werden, als für die nachfolgenden Untersuchungen notwendig ist. Gegeben sei ein aus materiellen Punkten zusammengesetztes und als im ganzen oder in Teilen starr angenommenes Gebilde. Die Zahl n der dasselbe definierenden materiellen Punkte sei unbeschränkt, jedenfalls aber diskret. Es habe p Freiheitsgrade, d. h. um seine jeweilige Lage gegenüber einer bekannten Anfangslage genau zu fixieren, braucht man p Zahlen. So groß muß dann auch die Anzahl der gegenseitig voneinander unabhängigen Beziehungen zwischen den an dem Gebilde angreifenden äußeren Kräften sein, wenn dieses im Gleichgewicht ist.

Zwischen allen an den n einzelnen materiellen Punkten des Gebildes angreifenden Kräften aber kann man im Fall des Gleichgewichtes desselben, da ja jeder einzelne materielle Punkt im Gleichgewicht sein muß, kn gegenseitig voneinander unabhängige Beziehungen aufstellen. Die Anzahl k der gegenseitig voneinander unabhängigen Komponenten je einer Kraft wird 1 bezw. 2 oder 3, wenn das Gebilde ein lineares bezw. ebenes oder räumliches ist. Es ist also möglich, kn unbekannte Grössen, die mit dem untersuchten Gebilde in Beziehung stehen und daher in jene Gleichungen eintreten, zu ermitteln. In den praktisch vorkommenden Fällen werden das unbekannte Kräfte sein, speziell Stabspannungen und Auflagerkräfte.

An dem untersuchten Gebilde greifen äußere Kräfte an und innere. Zwischen den äußeren Kräften müssen die oben erwähnten p Gleichgewichtsbedingungen bestehen. Dieselben sind naturgemäß, hervorgegangen aus der Tatsache des Gleichgewichts jedes einzelnen materiellen Punktes, in jenen kn Gleichungen implizit schon enthalten. Für die inneren Kräfte allein bleiben demnach nur mehr $kn-p$ Gleichungen übrig. $kn-p$ innere unbekannte Kräfte dürfen also an dem betreffenden Gebilde angreifen, nicht mehr und nicht weniger, wenn die Aufgabe statisch bestimmt sein soll. Freilich wird die Lösung illusorisch, wenn die Zahl der materiellen Punkte über die Maßen groß ist. Aber in diesem Fall verlangt auch niemand nach den von Punkt zu Punkt wirkenden inneren Kräften. Praktisch werden diese inneren statisch bestimmten Kräfte doch nur dann erfragt, wenn sie als Stabspannungen auftreten. Daher die Voraussetzung, die Zahl der Punkte sei diskret.

2. Es sollen nun als **statisch bestimmte Aufgaben** über aus n materiellen Punkten zusammengesetzte und als ganz oder in Teilen starr angenommene Gebilde solche bezeichnet werden, die durch kn lineare Gleichungen die gesuchten kn unbekannten Größen ermitteln lassen. Daß die gesuchten Größen Kräfte sind, ist nicht notwendig, indes gestattet die Methode der folgenden Untersuchung und der Bereich ihrer Anwendung, sie stets als solche anzusprechen.

Nach der gegebenen Definition sind Aufgaben über sogenannte „statisch unbestimmte Fachwerke" auch als statisch bestimmt anzusehen, wenn die die statische Unbestimmtheit des Fachwerkes verursachende Größe, z. B. der Horizontalschub eines Zweigelenkbogens, bekannt ist.

Die Aufgabe, die Verschiebung der einzelnen Knotenpunkte eines ebenen oder räumlichen Fachwerkes aufzusuchen, wenn man alle Längenänderungen kennt, erfordert die Lösung von kn linearen Gleichungen mit kn Unbekannten, d. s. je k Komponenten von n Knotenpunktsverschiebungen. Von diesen Komponenten sind, entsprechend der Zahl p der Freiheitsgrade des Gebildes, im voraus p bekannt: beim Fachwerkträger, oder willkürlich anzunehmen: beim freien Fachwerk. Nach der vorangegangenen Erklärung ist diese Aufgabe eine statisch bestimmte und mit der in den folgenden Zeilen vorgeschlagenen Methode stets lösbar.

3. Voraussetzung für die folgende Untersuchung ist also: Die Aufgabe, die an dem untersuchten Gebilde angreifenden unbekannten Kräfte aufzusuchen, ist statisch bestimmt.

Die Sätze der Statik starrer Körper geben dann genau soviel Gleichungen als unbekannte Kräfte bezw. Kraftbestimmungsstücke auftreten. Deren Zahl sei m. Nach Voraussetzung sind diese Gleichungen alle linear in den Unbekannten. Seien letztere S_1, S_2, . . . S_m genannt, so hat man im allgemeinsten Fall für sie die m Gleichungen

$$a_{11} S_1 + a_{12} S_2 + \ldots\ldots\ldots + a_{1m} S_m + P_1 = 0,$$
$$a_{21} S_1 + a_{22} S_2 + \ldots\ldots\ldots + a_{2m} S_m + P_2 = 0, \tag{1}$$
$$\text{———————————————}$$
$$a_{m1} S_1 + a_{m2} S_2 + \ldots\ldots\ldots + a_{mm} S_m + P_m = 0.$$

P_1, P_2, ... P_m sind die von den gegebenen angreifenden Kräften $\mathfrak{P}_i$*) berührenden Beiträge. Die S_i werden meist als Stabspannungen auftreten; es können aber auch lauter äußere Kräfte sein, etwa Auflagerkräfte, auf ein starres Gebilde einwirkend, das verbunden ist mit einem zweiten starren Gebilde. Es sollen aber im folgenden über die S_i gar keine anderen Voraussetzungen gemacht werden, als daß es eben unbekannte Kräfte bezw. Komponenten solcher sind.

Von diesen m Gleichungen sei vorausgesetzt: Die Determinante
$$D = (a_{11}\ a_{22} \ldots\ldots a_{mm})$$
des Gleichungssystems verschwindet nicht.

Trifft dies zu, dann ist der sogenannte Ausnahmefall ausgeschlossen, und immer ein System von endlichen Lösungen
$$S_1, S_2, \ldots\ldots S_m$$
möglich.

Diese Lösungen S_i der unbekannten Kräfte sind alle linear in den P_i. Hat man also für ein System gegebener Kräfte $\mathfrak{P}'_i$, das zu den obigen Gleichungen (1) die Beiträge
$$P'_1, P'_2, \ldots . P'_m \text{ statt } P_1, P_2, \ldots . P_m$$
liefert, als Lösungen S'_1, S'_2, . . . S'_m, und für ein zweites System von Kräften $\mathfrak{P}''_i$ mit den Beiträgen
$$P''_1, P''_2, \ldots . P''_m \text{ statt } P_1, P_2, \ldots . P_m$$
die Lösungen S''_1, S''_2, ... S''_m, so werden unter dem Einfluß der beiden gleichzeitig angreifenden Systeme, da sie die Beiträge

---

*) Der Index i soll fortan variabel sein, k konstant.

$$P_i = P'_i + P''_i$$

liefern, nach bekannten Sätzen der Lehre von den Determinanten die gesuchten Kräfte sein

$$S_i = S'_i + S''_i. \tag{2}$$

Superponieren sich also die Ursachen, dann auch die Wirkungen.

Das ist nun allerdings nicht allgemein, sondern unter den angegebenen recht wesentlichen Einschränkungen bewiesen. Wäre auch vollkommen genügend für die Untersuchungen, die man mit Hilfe dieses Prinzipes am ebenen oder räumlichen Fachwerk anzustellen pflegt. Gleichwohl soll dasselbe noch eine Erweiterung erfahren für verschiedene Zwecke.

4. Um eine präzise und gleichzeitig kurze Ausdrucksweise dieses Prinzipes im vorliegenden Fall zu gewinnen, sei definiert: ($\mathfrak{P}$) bezeichne den Verein der an dem untersuchten Gebilde angreifenden gegebenen Kräfte $\mathfrak{P}_i$, das „Kräftebild" ($\mathfrak{P}$), ($\mathfrak{S}$) den Verein der am untersuchten Gebilde angreifenden gegebenen Kräfte $\mathfrak{P}_i$ und gesuchten Kräfte $\mathfrak{S}_i$.

Dabei sollen die $\mathfrak{S}$ durch die $\mathfrak{P}$ hervorgerufen, also von ihnen abhängig sein, linear natürlich. Als allgemeinster Fall ist vorausgesetzt, daß an jedem Knotenpunkt beliebig viele $\mathfrak{P}$ und beliebig viele $\mathfrak{S}$ angreifen können. Letztere sollen nur statisch bestimmbar sein. Dann lautet im vorliegenden Fall das Superpositionsprinzip:

Kommt an dem als starr (ganz oder in Teilen) vorausgesetzten Gebilde unter dem Einfluß eines gegebenen Kräftesystems ($\mathfrak{P}'$) das Kräftebild ($\mathfrak{P}'$), ($\mathfrak{S}'$) zustande und unter dem Einfluß eines andern gegebenen Systems ($\mathfrak{P}''$) das Kräftebild ($\mathfrak{P}''$), ($\mathfrak{S}''$), so rufen die vereinigt angreifenden Systeme ($\mathfrak{P}'$) und ($\mathfrak{P}''$) das Kräftebild $\tag{3}$

$$(\mathfrak{P}), (\mathfrak{S}) \equiv (\mathfrak{P}' \curlywedge \mathfrak{P}''), (\mathfrak{S}' \curlywedge \mathfrak{S}'')$$

hervor.

Das Zeichen $\curlywedge$, das sich natürlich nur auf Größen $\mathfrak{P}_i$ bezw. $\mathfrak{S}_i$ mit gleichem Index erstrecken darf, bedeutet hier mehr als eine graphische Summierung: $\mathfrak{P}'_i \curlywedge \mathfrak{P}''_i$ stellt in dieser Schreibweise in den nachfolgenden Zeilen stets die Resultierende aus $\mathfrak{P}'_i$ und $\mathfrak{P}''_i$ dar, entsprechend $\mathfrak{S}'_i \curlywedge \mathfrak{S}''_i$. Das ist dadurch selbstverständlich, daß $\mathfrak{P}'_i$ und $\mathfrak{P}''_i$ und ebenso $\mathfrak{S}'_i$ und $\mathfrak{S}''_i$ am nämlichen Knotenpunkt angreifen, sich also zur Resultierenden zusammensetzen, wenn ihre bezüglichen Komponenten, wie nach (2) bewiesen, zur resultierenden Komponente sich zusammensetzen. (Denn auch der Fall, daß die gesuchte Kraft nach Lage sowohl als nach Richtung und Größe unbekannt ist, läßt sich stets auf den andern dadurch zurückführen, daß man an Stelle der Kraft ihre Komponenten sucht, denen bestimmte Angriffspunkte bezw. Angriffsgerade zugewiesen sind.)

In der obigen Vektorform wird der Satz selten zur Anwendung kommen: Die gesuchten Kräfte $\mathfrak{S}_i$, meistens als Stabsspannungen auftretend, haben von vornherein vorgeschriebene Richtung, bieten also zunächst keine Veranlassung zur Einführung von Vektoren. Gleichwohl schien es wünschenswert, für einige Betrachtungen am Seilpolygon und an verwandten Aufgaben diese allgemeinste Form aufzustellen.

<h2 style="text-align:center">§ 2.
Lösung linearer Gleichungen.</h2>

5. Die in den nachfolgenden Zeilen angegebene Methode der Lösung linearer Gleichungen wird sofort klar, wenn zuvor ihre Anwendung auf recht einfache bekannte Fälle gezeigt wird.

Der einfachste Fall, der schließlich bei jeder statischen Aufgabe vorkommt, ist die Bestimmung des Vorzeichens der gesuchten statischen Größe. Man nimmt bekanntlich von vornherein bewußt oder unbewußt ein bestimmtes Vorzeichen derselben an. Ergibt dann die Lösung der Aufgabe ein negatives Vorzeichen für diese Größe, so heißt das nichts anderes, als daß das angenommene Vorzeichen, d. i. der Richtungssinn der statischen Größe, falsch war und nun entgegengesetzt zu nehmen ist. Die Korrektur der willkürlichen Annahme des Vorzeichens erfolgt also durch die schließliche Lösung.

Die Methode des unbestimmten Maßstabes nimmt für eine passend ausgewählte unbekannte Spannung S_k eine beliebige Strecke, setzt also voraus, daß diese Strecke in einem zunächst noch nicht bestimmten Maßstab die erwähnte Spannung darstelle. Die gegebenen äußeren Kräfte P betrachtet sie als unbekannt und sucht von diesen eine, etwa P_l, nach S_k auszudrücken. Gelingt dies, so bestimmt der bekannte Wert von P_l nachträglich den Maßstab von S_k.

Weiter sei erinnert, wie man vermittels der Superposition statisch unbestimmte Größen aufsucht, etwa die Größe Z des Mittelstützendruckes des durch Abb. 1 dargestellten Belastungsfalles. Dabei ist

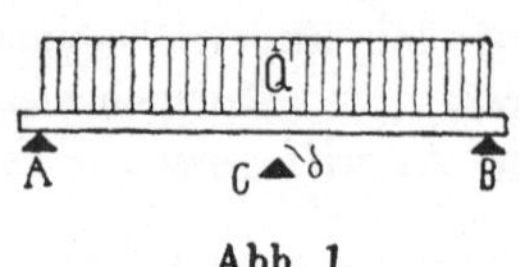

Abb. 1.

vorausgesetzt, daß die Mittelstütze um δ tiefer liegt als die horizontal gleich hoch liegenden Stützen A und B. Man betrachtet den Stützendruck Z als gegeben und superponiert: Die wahre Belastung Q allein erzeugt in der Mitte die Senkung

$$f_1 = \frac{5}{384} \cdot \frac{Q l^3}{EJ},$$

die Kraft Z allein

$$f_2 = -\frac{1}{48} \cdot \frac{Z l^3}{EJ}.$$

Die resultierende Senkung

$$\delta = f_1 + f_2$$

ist bekannt, liefert also mit

$$\delta = \frac{5}{384} \cdot \frac{Q l^3}{EJ} - \frac{1}{48} \cdot \frac{Z l^3}{EJ}$$

eine Gleichung für Z.

6. Entsprechend den vorausgehenden Betrachtungen gestaltet sich die Lösung des Systems der linearen Gleichungen (1), dessen Konstante $P_1, P_2, \ldots P_m$ von einem gegebenen Kräftesystem ($\mathfrak{P}$) herrühren. Nimmt man ein beliebiges Kräftesystem ($\mathfrak{P}'$), das die Beiträge

$$P'_1, P'_2, \ldots P'_m \text{ statt } P_1, P_2, \ldots P_m$$

zum Gleichungssystem liefert, und für eine der Unbekannten, etwa S_k, einen beliebigen Wert S'_k, so werden die ersten $m-1$ Gleichungen die übrigen Unbekannten

$$S'_1, S'_2, \ldots S'_{k-1}, S'_{k+1}, \ldots S_m$$

nach den P'_i und nach S'_k ausdrücken lassen. Man erhält das natürlich falsche Lösungssystem

$$(P', S'_k), (S').$$

Eine andere Annahme des Kräftesystems, ($\mathfrak{P}''$) mit den Beiträgen

$$P''_1, P''_2, \ldots P''_m \text{ statt } P_1, P_2, \ldots P_m,$$

und der als gegebene Kraft angesehenen Unbekannten S''_k liefert das ebenfalls falsche Lösungssystem

$$(P'', S''_k), (S'').$$

Ist nun zugleich

$$P_i = P'_i + P''_i,$$
$$S_k = S'_k + S''_k,$$

dann ist nach (2) auch

$$S_i = S'_i + S''_i.$$

Die letzte, die m^{te}, bisher nicht benützte Gleichung,

$$a_{m1} S_1 + a_{m2} S_2 + \ldots + a_{mm} S_m + P_m = 0,$$

gibt dann nach Substitution von

$$S_i = S'_i + S''_i$$

einen Zusammenhang zwischen S'_k und S''_k, da ja die S_i alle nach S'_k und S''_k ausgedrückt sind.

Wählt man z. B. als erstes Ausgangssystem

$$(P', S'_k) = (P, S'_k = 0),$$

als zweites

$$(P'', S''_k) = (0, S''_k = X),$$

$$\tag{4}$$

dann werden alle Unbekannten S''_i proportional X sein. In der Schlußgleichung,

$$a_{m1} S_1 + a_{m2} S_2 + \ldots + a_{mm} S_m + P_m = 0,$$

ist als einzige Unbekannte X vorhanden, die daraus zu ermitteln ist.

Wie (2) zu (3) verallgemeinert wurde, so läßt sich auch hier eine Rechenvorschrift für die Lösung von m graphischen linearen Gleichungen,

$$a_{11}\,\mathfrak{S}_1 + a_{12}\,\mathfrak{S}_2 + \ldots \ldots + a_{1m}\,\mathfrak{S}_m + \mathfrak{P}_1 = 0,$$
$$a_{21}\,\mathfrak{S}_1 + a_{22}\,\mathfrak{S}_2 + \ldots \ldots + a_{2m}\,\mathfrak{S}_m + \mathfrak{P}_2 = 0,$$
$$\overline{}$$
$$a_{m1}\,\mathfrak{S}_1 + a_{m2}\,\mathfrak{S}_2 + \ldots \ldots + a_{mm}\,\mathfrak{S}_m + \mathfrak{P}_m = 0,$$

$$\tag{5}$$

geben. Man setze für eine der Unbekannten, etwa $\mathfrak{S}_k$, einen beliebigen Wert $\mathfrak{S}'_k$ und statt der $\mathfrak{P}_i$ beliebige Werte $\mathfrak{P}'_i$, dann werden sich durch die $m-1$ ersten Gleichungen die übrigen Unbekannten

$$\mathfrak{S}_1, \mathfrak{S}_2, \ldots \mathfrak{S}_{k-1}, \mathfrak{S}_{k+1}, \ldots \mathfrak{S}_m$$

nach den $\mathfrak{P}'_i$ und $\mathfrak{S}'_k$ linear ausdrücken lassen. Wie diese Annahme das falsche Kräftebild $(\mathfrak{P}', \mathfrak{S}'_k)$, $(\mathfrak{S}')$ liefert, ebenso ergibt eine andere Annahme $\mathfrak{P}''_i$ statt $\mathfrak{P}_i$ und $\mathfrak{S}''_k$ statt $\mathfrak{S}_k$ das ebenfalls falsche Kräftebild $(\mathfrak{P}'', \mathfrak{S}''_k)$, $(\mathfrak{S}'')$.

Unter der Voraussetzung nun,

$$\mathfrak{P}_i = \mathfrak{P}'_i + \mathfrak{P}''_i,$$
$$\mathfrak{S}_k = \mathfrak{S}'_k + \mathfrak{S}''_k,$$

wird nach (3) auch

$$\mathfrak{S}_i = \mathfrak{S}'_i + \mathfrak{S}''_i.$$

Die letzte Gleichung,

$$a_{m1}\,\mathfrak{S}_1 + a_{m2}\,\mathfrak{S}_2 + \ldots\ldots + a_{mm}\,\mathfrak{S}_m + \mathfrak{P}m = 0,$$

gibt dann einen Zusammenhang zwischen den $\mathfrak{S}'k$ und $\mathfrak{S}''k$.

Natürlich läßt sich diese Lösungsmethode insofern verallgemeinern, als man zwei, drei usw. der Unbekannten beliebig wählt und zum Schluß dann zwei bezw. drei usw. Gleichungen für diese speziellen Unbekannten allein übrig hat. In § 8 wird (bei der Zerlegung einer Kraft nach sechs Richtungen im Raum) davon Gebrauch gemacht.

§ 3.
Das Korrekturprinzip.

7. Die eben besprochene Lösung analytischer oder graphischer linearer Gleichungen bildet die Basis des Korrekturprinzips. Sei $\mathfrak{S}k$ eine der gesuchten Größen, als Wirkung linear abhängig von der Ursache vorausgesetzt, wie es praktisch bei gesuchten Kräften am Fachwerk zutrifft; der Allgemeinheit halber sei sie als Vektor gedacht, d. h. man kennt weder Größe noch Richtung von ihr, nur ihren Angriffspunkt. Angenommen, $\mathfrak{S}k$ sei gefunden, und von ihr aus alle weiteren, noch unbekannten Kräfte

$$\mathfrak{S}_1,\ \mathfrak{S}_2,\ \ldots\ \mathfrak{S}_{k-1},\ \mathfrak{S}_{k+1},\ \ldots\ \mathfrak{S}m$$

abgeleitet. Dieselben werden natürlich gleichfalls linear abhängig von $\mathfrak{S}k$ sein. Dann wird es immer am Schluß eine einfache Kontrolle geben, die letzte Gleichung des Systems (1) oder (5) — bei Fachwerken z. B. an den letzten Knotenpunkten, bei räumlichen Aufgaben durch die Affinitätsbeziehungen zwischen Grund- und Aufriß, bei Knotenpunktsverschiebungen durch die Auflagerbedingungen usw. — meist in Form einer analytischen Gleichung,

$$T_1 + T_2 + \ldots\ldots + Tm = 0,$$

oder einer graphischen,

$$\mathfrak{T}_1 + \mathfrak{T}_2 + \ldots\ldots + \mathfrak{T}m = 0,$$

(6)

welche die Richtigkeit der gefundenen Lösung bestätigen soll.

Sei etwa $\mathfrak{S}k$ eine gesuchte Stabspannung, dann kommt es auf dasselbe hinaus, wenn man sagt: Ich denke mir den Stab, der $\mathfrak{S}k$ trägt, beseitigt und $\mathfrak{S}k$ als gegebene äußere Kraft, die je an den Endpunkten dieses Stabes wirkt. Man hat dann das System $(\mathfrak{P}, \mathfrak{S}k)$ gegebener Kräfte, aus dem das Spannungsbild $(\mathfrak{P}, \mathfrak{S}k)$, $(\mathfrak{S})$ hervorgeht.

8. Angenommen, man habe nicht dieses wirkliche System gegebener äußerer Kräfte $(\mathfrak{P}, \mathfrak{S}k)$, sondern ein beliebiges anderes $(\mathfrak{P}', \mathfrak{S}'k)$ als Ausgangssystem gewählt und von ihm ausgehend das natürlich falsche Spannungsbild $(\mathfrak{P}', \mathfrak{S}'k), (\mathfrak{S}')$ geschaffen, dann wird die Kontrolle am Schluß geben

$$\mathfrak{T}'_1 + \mathfrak{T}'_2 + \cdots\cdots + \mathfrak{T}'m \gtrless 0,$$

oder in anderer Form

$$\mathfrak{T}'_1 + \mathfrak{T}'_2 + \cdots\cdots\cdots + \mathfrak{T}'m = \mathfrak{W}'.$$

Es wird sich ein „Widerspruch" $\mathfrak{W}'$ ergeben. Und für ein anderes Spannungsbild $(\mathfrak{P}'', \mathfrak{S}''k), (\mathfrak{S}'')$, erzeugt durch das willkürlich gewählte Ausgangssystem $(\mathfrak{P}'', \mathfrak{S}''k)$, ein anderer „Widerspruch",

$$\mathfrak{T}''_1 + \mathfrak{T}''_2 + \cdots + \mathfrak{T}''m = \mathfrak{W}''.$$

Sind die beiden falschen Ausgangssysteme $(\mathfrak{P}', \mathfrak{S}'k)$ und $(\mathfrak{P}'', \mathfrak{S}''k)$ „Komponenten" des wirklichen Systems $(\mathfrak{P}, \mathfrak{S}k)$, d. h. ist

$$\mathfrak{P}i = \mathfrak{P}'i \mp \mathfrak{P}''i,$$
$$\mathfrak{S}k = \mathfrak{S}'k \mp \mathfrak{S}''k,$$

dann ist nach (3) auch $\mathfrak{S}i$ die Resultierende von $\mathfrak{S}'i$ und $\mathfrak{S}''i$, also

$$(\mathfrak{T}'_1 + \mathfrak{T}''_1) + (\mathfrak{T}'_2 + \mathfrak{T}''_2) + \cdots + (\mathfrak{T}'m + \mathfrak{T}''m) = 0$$

bezw.

$$\mathfrak{W}' + \mathfrak{W}'' = 0.$$

Für die spezielle Wahl wie in (4)

$$(\mathfrak{P}', \mathfrak{S}'k) = (\mathfrak{P}, 0),$$
$$(\mathfrak{P}'', \mathfrak{S}''k) = (0, \mathfrak{X}),$$

ist $\mathfrak{W}''$ proportional $\mathfrak{X}$. Dann ergibt die Kontrollgleichung

$$\mathfrak{W}' + \mathfrak{W}'' = 0,$$

da $\mathfrak{W}'$ eine bestimmte bekannte Größe ist, die Unbekannte $\mathfrak{X}$. Natürlich muß, wenn die Rechnung richtig durchgeführt wurde, $\mathfrak{W}'$ parallel $\mathfrak{W}''$ sein.

9. Entsprechend wird bei willkürlicher Annahme einer weiteren Unbekannten $\mathfrak{S}l$ als äußerer Kraft die durch die Ausgangssysteme

$$(\mathfrak{P}', \mathfrak{S}'k, \mathfrak{S}'l) = (\mathfrak{P}, 0, 0),$$
$$(\mathfrak{P}'', \mathfrak{S}''k, \mathfrak{S}''l) = (0, \mathfrak{X}, 0),$$
$$(\mathfrak{P}''', \mathfrak{S}'''k, \mathfrak{S}'''l) = (0, 0, \mathfrak{Y})$$

erzeugte Kontrollgleichung

$$(\mathfrak{T}'_1 + \mathfrak{T}''_1 + \mathfrak{T}'''_1) + (\mathfrak{T}'_2 + \mathfrak{T}''_2 + \mathfrak{T}'''_2) + \cdots$$
$$+ (\mathfrak{T}'m + \mathfrak{T}''m + \mathfrak{T}'''m) = 0$$

bezw.

$$\mathfrak{W}' + \mathfrak{W}'' + \mathfrak{W}''' = 0.$$

$\mathfrak{W}''$ und $\mathfrak{W}'''$ sind proportional den Unbekannten $\mathfrak{X}$ und $\mathfrak{Y}$, $\mathfrak{W}'$ ist eine durch die Kräfte $\mathfrak{P}_i$ bestimmte bekannte Größe, so daß aus der graphischen Kontrollgleichung $\mathfrak{W}''$ und $\mathfrak{W}'''$ und damit $\mathfrak{X} = \mathfrak{S}_k$ bezw. $\mathfrak{Y} = \mathfrak{S}_l$ ermittelt werden kann.

10. Die vorausgehenden Gleichungen behandeln den in der Praxis am meisten vorkommenden Fall, daß die Richtung von $\mathfrak{S}_k$ bezw. $\mathfrak{S}_l$ . . . bereits bekannt ist, und nur die Größe gesucht wird. Aber auch, wenn Richtung u n d Größe von $\mathfrak{S}_k$ sowie von den anderen $\mathfrak{S}_i$ unbekannt sind, wie z. B. beim Aufsuchen von Gelenkdrücken, wird genau die gleiche Entwicklung am Schluß eine Kontrollgleichung geben, die $\mathfrak{S}_k$ nach Größe und Richtung bestimmt. In den folgenden Zeilen werden verschiedene solcher Aufgaben behandelt. Die auftretende Kontrollgleichung bestimmt zunächst die Richtung irgend einer der gesuchten Kräfte $\mathfrak{S}_n$ und damit die aller andern $\mathfrak{S}_i$; ist die Richtung gefunden, so folgt daraus der Zahlenwert der Unbekannten.

11. Die vorangehende Methode, deren s p e z i e l l e r Gedankengang nicht wesentlich neu ist — man kann fast alle in der Statik gebräuchlichen Methoden als Spezialfälle ansprechen: H e n n e b e r g hat sie erstmals analytisch angewandt durch die „Stabvertauschung“, F ö p p l graphisch durch die „Knotenpunktsbedingungen“; man vergleiche deswegen S c h l i n k: „Statik der Raumfachwerke“ S. 103 Teubner 1907 — sucht einerseits eine Vereinheitlichung aller Lösungen statischer Aufgaben zu erzielen: eine e i n z i g e R e c h e n v o r s c h r i f t gilt für sie alle, nämlich willkürliche Annahme einer oder mehrerer der gesuchten Kräfte und Aufstellung einfacher Kontrollgleichungen für dieselben. Andrerseits will sie freimachen von geometrischen Sätzen und dafür äquivalente unmittelbar einzusehende Sätze der Statik verwenden.

Die vorgeschlagene Methode — einstweilen, um ihren Inhalt zu treffen, „K o r r e k t u r p r i n z i p“ genannt — läßt sich folgendermaßen in eine Formel kleiden:

U m l i n e a r a b h ä n g i g e s t a t i s c h b e s t i m m t e unbekannte Kräfte aufzufinden, mache man über eine oder mehrere derselben eine mit den Systembedingungen verträgliche willkürliche Annahme. Die anderen gesuchten Kräfte ergeben sich dann (7)

durch Superposition der von den gegebenen
Kräften allein abhängigen und der von der willkürlich angenommenen Kraft allein abhängigen
Komponenten. Eine einfache Kontrollgleichung
ergibt dann analytisch oder graphisch die willkürlich angenommenen Kräfte.

§ 4.

Die Methode der homogenen Deformation. Die Methode der Zentralprojektion. Die Komponentenmethode.

Weniger allgemein als das Korrekturprinzip, in vielen Fällen
aber geradezu allein geeignet, rasch ein gegebenes Gleichungssystem
(1) oder (5) zu lösen, werden sich die in der Überschrift angegebenen Methoden erweisen.

12. Die in obige Gleichungssysteme eintretenden Größen
$\mathfrak{S}$ und $\mathfrak{P}$ haben vorgeschriebene Lage und Größe, lassen sich also
durch Strecken der Ebene bezw. des Raumes darstellen. Dann kann
man aber mit diesem System gegebener und gesuchter Strecken
eine beliebige Transformation vornehmen; oder in anderer Deutung,
man kann für diese Größen ein neues Koordinatensystem einführen. Bei einer gewissen Wahl desselben bezw. bei einer bestimmten Transformation des Raumes wird das System der Gleichungen (5) in ein anderes übergeführt, das wegen seiner einfacheren
Form eine leichtere Lösung gestattet. Hat man diese, so wird man
durch die entsprechende Reformation in die gegebene Anfangslage
bezw. durch den Rückgang zum ursprünglichen Koordinatensystem
die wirklichen Werte der Unbekannten ermitteln.

In den folgenden Zeilen wird stets eine ganz spezielle Transformation angewandt, die homogene Deformation. Dieselbe
bestehe darin, daß alle Punkte A_i einer bestimmten Ebene, der
„Operationsebene", radial von einem gegebenen festen Punkt A_o dieser
Ebene weg- oder zu ihm hinwandern. Irgend ein gegebenes Gebilde
dieser Ebene soll mit dem deformierten Gebilde homothetisch, d. h.
ähnlich und ähnlich gelegen sein. A_o selbst ist dann für die beiden
Gebilde Ähnlichkeitszentrum. Nach Ausführung der Deformation
muß in dieser Ebene zwischen dem ursprünglichen Wert s einer
beliebigen Strecke und dem Wert s' der deformierten Strecke die
Beziehung bestehen

$$s' = \varepsilon s, \tag{8}$$

wobei ε für die ganze Ebene konstant ist.

Der Zweck einer solchen Deformation ist an Hand der Abb. 2 leicht ersichtlich. Dieses räumliche Fachwerk, von dem angenommen ist, dass die nach I, II, III führenden Gratstäbe sich im Punkt S schneiden, und dass die drei Punkte I, II, III, ebenso wie die unteren Endpunkte I', II', III' der Gratstäbe je in einer Horizontalebene liegen, kann man derart homogen deformieren, daß die Gratstäbe lotrecht stehen. Man hält zu diesem Zweck den Fußpunkt F des von S aus auf die Ebene I, II, III gefällten Lotes fest und läßt diese Punkte I, II, III in der Horizontalebene von F aus radial wandern, bis sie lotrecht über den entsprechenden Punkten I', II', III' der untern Ebene stehen. Dann verschwinden die Gratstäbe im Grundriß, die Grundrißprojektion des Systems der Ring- und Diagonalstabspannungen ist dasjenige eines statisch bestimmten Fachwerkträgers, wenn man die Diagonalstabspannungen als Auflagerkräfte betrachtet. Die Spannungen dieses Trägers sind dann unschwer zu ermitteln.

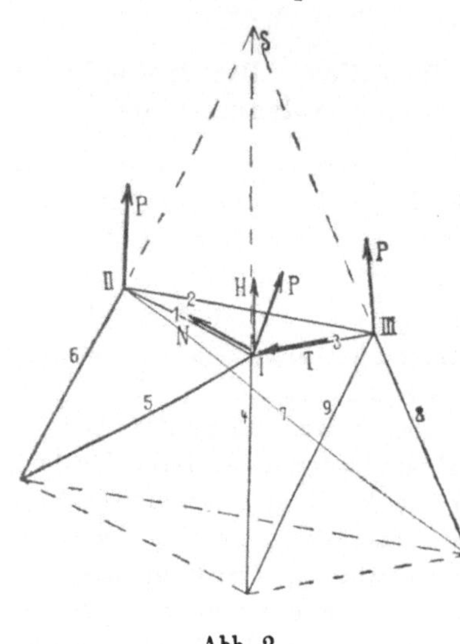

Abb. 2.

Die spezielle Anwendung dieser Methode und ihre analytische bezw. graphische Durchführung wird bei der Berechnung der Kuppeln (§§ 12, 15, 19) ersichtlich.

Natürlich kann man auch andere Transformationen anwenden. Im Charakter statischer Aufgaben liegt es indes, daß alle diese Transformationen, sollen sie brauchbar sein, zunächst wohl linear sein müssen. Aber auch dann ist es noch fraglich, ob bei einer allgemeinen linearen Transformation — allgemeine Kollineation — der rechnerische Vorteil groß genug ist. Eine Lösung mit solch allgemeinen Mitteln wäre sicher nicht einfacher als etwa die Stabvertauschung nach **Henneberg** oder die der Knotenpunktsbedingungen nach Föppl oder als die kinematische Methode von Müller-Breslau oder die durch das Korrekturprinzip.

13. Nichts anderes als die Methode der homogenen Deformation, eine andere Form nur, ist die Methode der zentralen Projektion, auf welche notwendig die Vektorenrechnung führen muß. Was jene für die mehr oder minder rein graphische Behandlung eines statischen Problems ist, das bedeutet diese für die vorwiegend analytische Behandlung.

Unter Zentralprojektion sei hier verstanden die Projektion eines gegebenen im Gleichgewicht befindlichen Kräftesystems von einem festen Punkt S aus auf eine bestimmte Ebene. Ist das gegebene System im Gleichgewicht, dann auch das nach Angabe projizierte, da ja ein graphischer Summensatz — und ein solcher oder mehrere solcher drücken die Tatsache des Gleichgewichts eines gegebenen Kräftesystems aus — bei der Projektion auf eine Ebene erhalten bleibt.

Daß die homogene Deformation in der Tat nur eine andere Ausdrucksweise für die Zentralprojektion ist, zeigt unschwer das Beispiel der Abb. 2. Die Konstruktion sei bereits deformiert gedacht, also so, daß die Gratstäbe lotrecht stehen. Dann wende man auf irgend einen Knotenpunkt die Gleichgewichtsbedingung für die Grundrißprojektionen der an diesem Knoten angreifenden Kräfte an. Bei der Reformation zur ursprünglichen Gestalt bezw. zur ursprünglichen Kräftegruppierung geht dann diese Gleichgewichtsbedingung über in die äquivalente, daß die vom Punkt S aus auf die obere Ebene zentral projizierten Kräfte, die an dem betreffenden Knotenpunkt angreifen, wieder im Gleichgewicht sind.

Damit ist auch bereits auf den Anwendungskreis der Zentralprojektion hingedeutet: Sie stellt eine bequeme Methode dar, lästige Unbekannte, im vorliegenden Fall der Abb. 2 die Gratspannungen, zu eliminieren. Bei räumlichen Fachwerken von der durch Abb. 2 bestimmten Gestalt oder anderen ähnlichen Konstruktionen stellt die Methode der Zentralprojektion für jeden Knotenpunkt zwei Gleichungen auf, in denen die Gratspannung nicht auftritt. Unter den nachfolgenden Nummern machen besonders die von §§ 12, 15, 17, 20 die spezielle Anwendung der Methode ersichtlich.

14. Einfach und ohne weitere Hilfsmittel führt sehr oft eine Betrachtung zum Ziel, welche die Kräfte an den einzelnen Knotenpunkten derart in Komponenten zerlegt, daß dieselben unmittelbar

durch einzelne Stäbe oder Gruppen von zwei oder mehreren solcher
aufgenommen werden. Man stützt sich hiebei auf den Satz:
Ein mögliches Lösungssystem linearer Aufgaben ist gleichzeitig das
wahre Lösungssystem. Zerlegt man z. B. an dem Träger der Abb. 2
die Kraft P am Knoten I in drei Komponenten: H parallel zum
Gratstab, N, T in Richtung der anstoßenden Ringstäbe, so wird
erstere unmittelbar vom Gratstab aufgenommen. Die Komponente N
parallel zum Ringstab I II wird am Knoten I gemeinsam vom
Diagonal- und Gratstab aufgenommen, die Komponente T parallel
zum Ringstab I III zuerst von diesem aufgenommen und dann am
Knoten III gemeinsam vom dortigen Diagonal- und Gratstab.

In den nachfolgenden Zeilen wird sich des öftern Gelegenheit
finden, vorstehenden Gedankengang in verschiedenen Variationen
anzuwenden; es sei deswegen speziell auf §§ 13, 16, 21 hingewiesen.

§ 5.

Anwendung auf das Seilpolygon und verwandte Aufgaben.

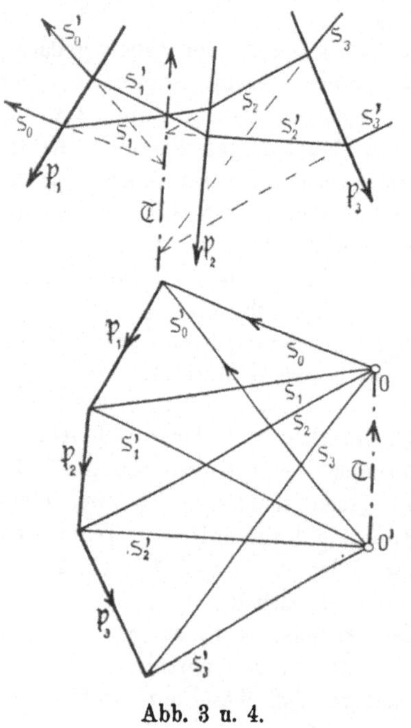

Abb. 3 u. 4.

15. Wählt man zu einem
gegebenen Kräftesystem ($\mathfrak{P}$), um
das Seilpolygon zu finden,
den Pol $0'$ beliebig (Abb. 3 und 4),
oder, was auf das Gleiche hinauskommt, irgend einen Polstrahl
$\mathfrak{S}'_k$, so sind die andern Pol-
strahlen

$$\mathfrak{S}'_0, \mathfrak{S}'_1, \ldots \mathfrak{S}'_{k-1}, \mathfrak{S}'_{k+1}, \ldots \mathfrak{S}'_n$$

von diesem linear abhängig. Das
Kräftesystem ($\mathfrak{P}$, $\mathfrak{S}'_k$) bestimmt
dann das Kräftebild ($\mathfrak{P}$, $\mathfrak{S}'_k$), ($\mathfrak{S}'$).

Ist nun $\mathfrak{S}'_k$ die Resultierende
aus $\mathfrak{S}_k$ und $\mathfrak{T}$, also das System
($\mathfrak{P}$, $\mathfrak{S}'_k$) in die Systemkompo-
nenten ($\mathfrak{P}$, $\mathfrak{S}_k$) und (0, $\mathfrak{T}$) zerlegt, von denen die erste das
Kräftebild ($\mathfrak{P}$, $\mathfrak{S}_k$), ($\mathfrak{S}$), die
zweite das Kräftebild (0, $\mathfrak{T}$), ($\mathfrak{T}$)
liefert, wo alle $\mathfrak{T}_i$ gleich sind
$\mathfrak{T}$, so muß auch $\mathfrak{S}'_i$ die Resultierende aus $\mathfrak{S}_i$ und $\mathfrak{T}$ sein.

Damit ist dann der bekannte Satz bewiesen: Zwischen zwei verschiedenen Seilpolygonen für das nämliche Kräftesystem besteht die Beziehung, daß entsprechende Seilpolygonseiten sich auf der nämlichen Geraden schneiden. Diese Gerade ist parallel zur Verbindungsgeraden der Pole 0 und $0'$ der beiden Polfiguren, d. i. parallel $\mathfrak{T}$.

16. Ganz allgemein gestatten lineare geometrische Aufgaben ohne Kenntnis allgemein-projektiver oder speziell-geometrischer Sätze fast durchweg nach (3) bezw. (7) eine einfache Lösung, wenn man die einzelnen auftretenden Geraden als Kräfte betrachtet. Die einfache Tatsache, daß mit der Definition der Resultierenden von zwei Kräften die projektive Geometrie auch als eine statische betrachtet werden kann, ist bisher noch viel zu wenig gewürdigt worden. Es läßt sich nach der Meinung des Verfassers durch konsequente Ausnützung dieser Tatsache noch gar mancher Gewinn für die methodische Mechanik erzielen. Nachfolgend einige Beispiele für die Anwendung des Korrekturprinzipes speziell auf Geometrie.

Es sei zunächst erinnert an die in der Mechanik oft behandelte Aufgabe, ein n-Eck zu konstruieren, dessen Ecken auf n gegebenen Geraden $g_1, g_2, \ldots g_n$ liegen, und dessen Seiten durch n gegebene Punkte $P_1, P_2 \ldots P_n$ gehen. Die Aufgabe wäre gelöst, wenn man eine Seite hätte. Sei diese $\mathfrak{S}_1$, so wird sich daraus fortlaufend $\mathfrak{S}_2, \mathfrak{S}_3, \ldots \mathfrak{S}_n$ ergeben. Diese alle sind linear abhängig von $\mathfrak{S}_1$, folglich gibt die Auffassung von $\mathfrak{S}_1, \mathfrak{S}_2, \ldots \mathfrak{S}_n$ als Kräften — „Gelenkdrücke" durch die vorgeschriebenen Punkte, die „Gelenke" $P_1, P_2, \ldots P_n$ — nach dem Prinzip (7) sofort eine Lösung. Man nimmt die Seite $\mathfrak{S}'_1$ ganz willkürlich innerhalb der vorgeschriebenen Bedingungen an und erhält fortlaufend durch Erfüllung der übrigen Bedingungen die anderen Seiten $\mathfrak{S}'_2, \mathfrak{S}'_3, \ldots \mathfrak{S}'_n$; in der neuen Ausdrucksweise: die Seite $\mathfrak{S}'_1$ bestimmt das Kräftebild $(\mathfrak{S}'_1), (\mathfrak{S}')$. Eine andere Annahme $\mathfrak{S}''_1$ bestimmt das Kräftebild $(\mathfrak{S}''_1), (\mathfrak{S}'')$. Die Superposition von $\mathfrak{S}'_1$ und $\mathfrak{S}''_1$ bestimmt das Kräftebild

$$(\mathfrak{S}'_1 \mathbin{\hat{\mp}} \mathfrak{S}''_1),\ (\mathfrak{S}' \mathbin{\hat{\mp}} \mathfrak{S}'') = (\mathfrak{S}_1),\ (\mathfrak{S}),$$

d. h. $\mathfrak{S}_i$ ist die Resultierende aus $\mathfrak{S}'_i$ und $\mathfrak{S}''_i$, wenn $\mathfrak{S}_1$ die Resultierende von $\mathfrak{S}'_1$ und $\mathfrak{S}''_1$ ist.

Damit erhält man gleichzeitig die Kontrollgleichung

$$\mathfrak{S}_n = \mathfrak{S}'_n \mathbin{\hat{\mp}} \mathfrak{S}''_n,$$

d. h. die letzte Seite $\mathfrak{S}_n$ muß einerseits als Resultierende von $\mathfrak{S}'_n$ und $\mathfrak{S}''_n$ durch deren Schnittpunkt gehen, andrerseits nach Vorschrift durch den gegebenen Punkt P_n.

17. Abb. 5 löst die Aufgabe für den Fall eines Vierecks. Die Richtung von $\mathfrak{S}'_1$ bezw. $\mathfrak{S}''_1$ ist beliebig gewählt. Durch $\mathfrak{S}'_1$ ist $\mathfrak{S}'_4$ bestimmt, entsprechend $\mathfrak{S}''_4$ durch $\mathfrak{S}''_1$. Beide schneiden sich in (IV). $\mathfrak{S}_4$ muß nun einerseits als Resultierende von $\mathfrak{S}'_4$ und $\mathfrak{S}''_4$ durch diesen Punkt gehen, andrerseits nach Vorschrift durch IV.

18. Abb. 6 stellt die Lösung der gleichen Aufgabe an einem Dreiecke dar. Die willkürlich gewählten $\mathfrak{S}'_1$ und $\mathfrak{S}''_1$ bestimmen $\mathfrak{S}'_3$ bezw. $\mathfrak{S}''_3$, durch deren Schnittpunkt (III) dann $\mathfrak{S}_3$ gehen muß. Am einfachsten wird die Kon-

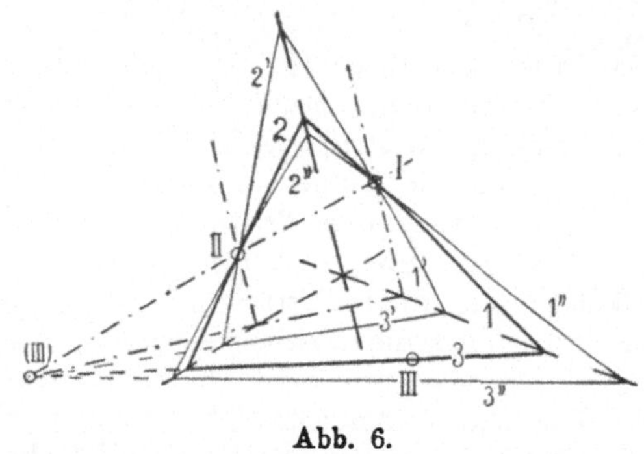

Abb. 5.

Abb. 6.

struktion, wenn man $\mathfrak{S}'_1$ durch I und II legt, die Seite $\mathfrak{S}''_1$ aber parallel der Geraden, auf der sie sich mit $\mathfrak{S}''_3$ schneiden soll. In der Abbildung ist diese Konstruktion strichpunktiert eingezeichnet.

19. Die Aufgabe, eine Gerade durch einen vorgeschriebenen Punkt A so zu legen, daß sie auch noch durch den schwer zu erreichenden Schnittpunkt von zwei gegebenen Geraden geht, gestattet wie so viele projektiv-geometrische Aufgaben eine einfache Lösung

mit dem Seilpolygon, wenn man die gegebenen Geraden wie auch die gesuchte als Kräfte ansieht, die gesuchte $\mathfrak{P}$ speziell als Resultierende der beiden gegebenen $\mathfrak{P}_1$ und $\mathfrak{P}_2$. Die Endstrahlen des Seilpolygons zu diesen beiden Kräften müssen sich dann auf der gesuchten Geraden schneiden, Abb. 7. Legt man also ein erstes Seilpolygon so, daß die Endstrahlen durch den gegebenen Punkt A gehen, und ein zweites derart, daß die Schnittpunkte entsprechender Seilstrahlen auf den gegebenen Geraden $\mathfrak{P}_1$ und $\mathfrak{P}_2$ liegen —

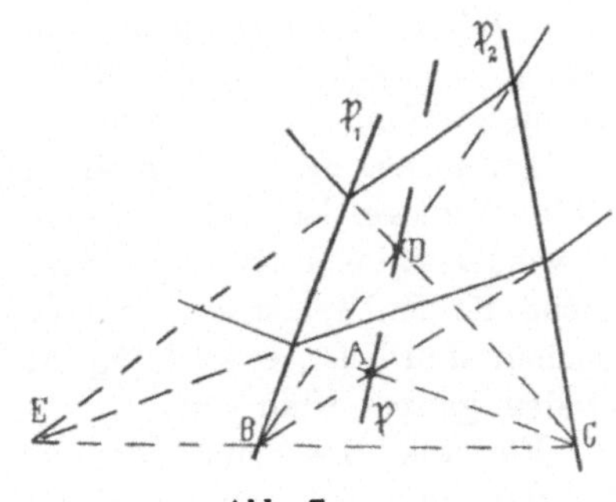

Abb. 7.

man ist dann vollständig unabhängig von der Größe der gedachten Kräfte $\mathfrak{P}_1$ und $\mathfrak{P}_2$ — so bestimmen dessen Endstrahlen einen weiteren Punkt D der gesuchten Geraden.

Zweiter Abschnitt.

Berechnung ebener und räumlicher Fachwerke.

§ 6.
Das nichteinfache ebene Fachwerk.

20. Das statisch bestimmte ebene Fachwerk ist zu unterscheiden als **einfaches**, wenn bei beliebiger Belastung alle seine Spannungen mit Hilfe eines **Cremonaplanes** vom ersten bis zum letzten Stab ermittelt werden können, und als **nichteinfaches**, wenn diese Bedingung nicht zutrifft.

Bei beliebiger Belastung! Denn wie der Fall der Abb. 8

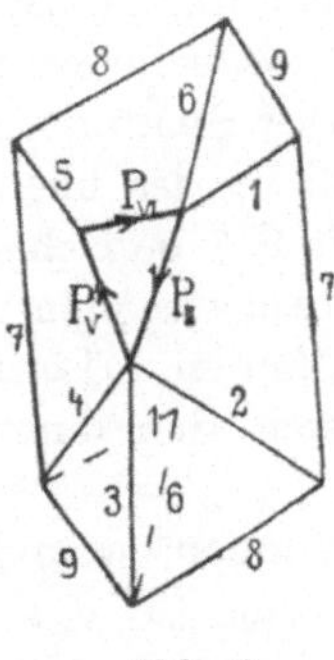

Abb. 8.   Abb. 9.

bezw. der dazu gehörige durch Abb. 9 wiedergegebene Kräfteplan im Gegensatz zu dem durch die Abb. 10 mit 12 bestimmten Fall zeigt, können bei ein und demselben Fachwerk die Spannungen einmal durch einen Cremonaplan ermittelt werden: bei spezieller Belastung nämlich nach der Methode des unbestimmten Maßstabes, das andere Mal aber nicht: nämlich bei ganz allgemeiner Belastung.

Im ersten Fall stellt man etwa S_3 durch eine willkürlich gewählte Strecke dar und bestimmt daraus S_2, S_8, S_9 und S_4, aus S_9 wieder S_6 und S_1, siehe Abb. 9. Die als Unbekannte angesehene Kraft P_{II} läßt sich am Knotenpunkt II aus S_1 und S_2 bestimmen und liefert so nachträglich den Maßstab für sich und damit für den ganzen Kräfteplan.

Für die Bestimmung der Stabspannungen im nichteinfachen Fachwerk existieren mehrere Lösungsmethoden: In spezielleren Fällen die Culmannsche und Rittersche Methode, die Föpplsche Methode der imaginären Gelenke, die Methode des unbestimmten Maßstabes, in den allgemeinen Fällen die Hennebergsche Methode der Stabvertauschung, die kinematische Methode von Müller-Breslau, die Föpplsche Methode der Knotenpunktsbedingungen. Natürlich können diese auch auf Spezialfälle angewandt werden.

21. Für den allgemein möglichen Fall führt das Korrekturprinzip rasch zum Ziel. Sei das an dem nichteinfachen Fachwerk oder an dem nichteinfachen Teil desselben angreifende System gegebener äußerer Kräfte wieder mit ($\mathfrak{P}$) bezeichnet. In dieses System sind natürlich auch eventuell bereits bekannte Spannungen inbegriffen, wenn sie an dem untersuchten Gebilde angreifen. Es sei vorausgesetzt, daß mit dem Bekanntsein einer der gesuchten Spannungen das Fachwerk zu einem einfachen wird — der in der Praxis seltener auftretende Fall, daß erst das Bekanntsein zweier dieser Spannungen das Fachwerk zu einem einfachen machen würde, soll in der übernächsten Nummer behandelt werden — und dieselbe mit $\mathfrak{S}_k$ bezeichnet. Wäre $\mathfrak{S}_k$ bekannt, so könnte man sofort einen Cremonaplan zeichnen, und damit die übrigen Spannungen $\mathfrak{S}_i$ auffinden. Letztere sind linear abhängig vom System ($\mathfrak{P}$, $\mathfrak{S}_k$) und lassen sich durch Superposition

$$\mathfrak{S}_i = \mathfrak{S}'_i + \mathfrak{S}''_i$$

auffinden, wenn $\mathfrak{S}'_i$ die Spannung nur unter dem Einfluß des Kräftesystems ($\mathfrak{P}$, $\mathfrak{S}'_k = 0$) und $\mathfrak{S}''_i$ diejenige unter dem alleinigen Einfluß von (0, $\mathfrak{S}''_k = \mathfrak{X}$) ist. Die Superposition der beiden Spannungsbilder $(\mathfrak{P}, 0)$, $(\mathfrak{S}')$ und $(0, \mathfrak{X})$, $(\mathfrak{S}'')$ gibt das Spannungsbild $(\mathfrak{P}, \mathfrak{X})$, $(\mathfrak{S})$.

An einem beliebigen Knotenpunkt — oder an einem beliebigen Stab, ganz allgemein an einem beliebigen Teil des Fachwerkes — werden alle an ihm angreifenden Spannungen mit der dort angreifenden äußeren Kraft $\mathfrak{P}$ bezw. der Resultierenden von solchen im Gleichgewicht sein,

$$\mathfrak{P} + \Sigma\mathfrak{S} = 0$$

bezw.

$$(\mathfrak{P} + \Sigma\mathfrak{S}') + \Sigma\mathfrak{S}'' = 0$$

oder

$$\mathfrak{W}' + \mathfrak{W}'' = 0,$$

wobei die graphische Summe $\mathfrak{W}' = \Sigma\mathfrak{S}' + \mathfrak{P}$ eine bestimmte Größe, die graphische Summe $\mathfrak{W}'' = \Sigma\mathfrak{S}''$, wie alle $\mathfrak{S}''_i$, proportional zu $\mathfrak{X}$ ist. $\mathfrak{W}'$ und $\mathfrak{W}''$ sind die bereits erwähnten „Widersprüche" der Kontrollpolygone. Da $\mathfrak{W}'$ eine bestimmte Größe ist, läßt sich $\mathfrak{W}'' = -\mathfrak{W}'$ und damit $\mathfrak{X}$, das ja proportional $\mathfrak{W}''$ ist, ermitteln. Natürlich ist $\mathfrak{W}'$ und entsprechend $\mathfrak{W}''$ erst dann von Null verschieden, wenn man die Kontrollgleichung $\mathfrak{P} + \Sigma\mathfrak{S} = 0$ an einem wirklichen Kontrollpunkt bezw. Kontrollteil anwendet, für den also alle angreifenden Spannungen bereits ermittelt sind. Ausgenommen, wenn zufällig die Spannung $\mathfrak{S}_k = \mathfrak{X}$ selber Null wird.

Für einen Knotenpunkt als Kontrollteil des Fachwerkes spezialisiert sich das Korrekturprinzip zur Föpplschen Methode der Knotenpunktsbedingungen, für einen gedachten Ersatzstab zur Hennebergschen Methode der Stabvertauschung. Gelegentlich sei erwähnt, daß beide Methoden direkt identisch sind, insofern nämlich die oben gefundenen Vektoren $\mathfrak{W}'$ und $\mathfrak{W}''$ die Spannungen $\mathfrak{S}'_e$ und $\mathfrak{S}''_e$ des Ersatzstabes vorstellen, der vom vorletzten Kontrollpunkt zum letzten geht.

22. Die Konstruktion des Spannungsbildes des Stabverbandes der Abb. 10 — sie ist der Abb. S. 233 des Handbuches der Ingenieurwissenschaften II_{II}, dritte Auflage, ähnlich gewählt — erfolgt durch Superposition des Spannungsbildes $(\mathfrak{P})$, $(\mathfrak{S}')$ der Abb. 12 und des Spannungsbildes $(\mathfrak{S}_1 = \mathfrak{X})$, $(\mathfrak{S}'')$ der Abb. 11. Die Kontrollgleichung erfolgt am Punkt V oder I, nachdem man der Reihe nach bei II, III, IV, VI die unbekannten Spannungskomponenten ermittelt hat. Die Kontrollpolygone beider Spannungsbilder sind schraffiert. $\mathfrak{W}'$ bezw. $\mathfrak{W}''$ ist parallel der Geraden I V; damit

$\mathfrak{W}' + \mathfrak{W}'' = 0$, muß man $\mathfrak{W}''$ und damit auch $\mathfrak{X}$ dreiviertelmal so groß wählen als angenommen wurde. In Abb. 12 sind dann noch die wahren Spannungen $\mathfrak{S}_i = \mathfrak{S}'_i + \mathfrak{S}''_i$ eingezeichnet.

23. Ist das Fachwerk derart, daß es erst mit dem Bekanntsein von zwei Spannungen einfach wird, so sind diese — $\mathfrak{S}_k$ und $\mathfrak{S}_l$ —

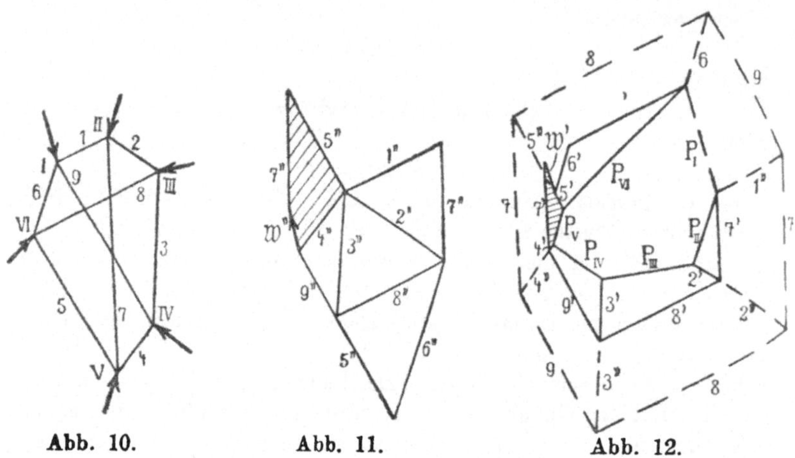

Abb. 10.   Abb. 11.   Abb. 12.

wieder als gegebene äußere Kräfte zu betrachten. Man erhält dann alle übrigen Spannungen in der Form
$$\mathfrak{S}_i = \mathfrak{S}'_i + \mathfrak{S}''_i + \mathfrak{S}'''_i.$$
Dabei sind die $\mathfrak{S}'_i$ gefunden wie unter **22**, $\mathfrak{S}''_i$ und $\mathfrak{S}'''_i$ je unter dem alleinigen Einfluß der beiden als bekannt angesehenen Spannungen
$$\mathfrak{S}_k = \mathfrak{X},$$
$$\mathfrak{S}_l = \mathfrak{Y}.$$
Am Kontrollteil erhält man für jedes einzelne Spannungsbild wieder die nichtgeschlossenen Kräftepolygone
$$\mathfrak{P} + \Sigma\mathfrak{S}' = \mathfrak{W}',$$
$$\Sigma\mathfrak{S}'' = \mathfrak{W}'',$$
$$\Sigma\mathfrak{S}''' = \mathfrak{W}'''.$$
Da aber unter dem Einfluß des tatsächlich angreifenden Kräftesystems ($\mathfrak{P}$, $\mathfrak{S}_k$, $\mathfrak{S}_l$) Gleichgewicht sein muß, so gilt
$$\mathfrak{P} + \Sigma\mathfrak{S} = 0$$
bezw.

$$(\mathrm{P} + \Sigma\mathfrak{S}') + \Sigma\mathfrak{S}'' + \Sigma\mathfrak{S}''' = 0$$

oder

$$\mathfrak{W}' + \mathfrak{W}'' + \mathfrak{W}''' = 0.$$

Von den drei Größen $\mathfrak{W}'$, $\mathfrak{W}''$, $\mathfrak{W}'''$ ist $\mathfrak{W}'$ eine durch die $\mathfrak{P}_i$ bestimmte Größe; dadurch lassen sich graphisch $\mathfrak{W}''$ und $\mathfrak{W}'''$ ermitteln und hieraus wieder $\mathfrak{X} = \mathfrak{S}k$, $\mathfrak{Y} = \mathfrak{S}l$, die ja $\mathfrak{W}''$ bezw. $\mathfrak{W}'''$ proportional sind.

Übrigens lassen sich diese beiden Spannungen in vielen Fällen dadurch einfacher berechnen, daß man sie als Komponenten eines „Gelenkdruckes" betrachtet und so wie folgt ermittelt.

24. Zur Aufgabe, einen solchen nach Größe und Richtung unbekannten Gelenkdruck aufzufinden, überlege man:

Dieser Gelenkdruck, er sei mit $\mathfrak{S}k$ bezeichnet, wird, sobald er bekannt ist, andere Größen $\mathfrak{S}_1$, $\mathfrak{S}_2$, ... $\mathfrak{S}_n$, alle linear von $\mathfrak{S}k$ abhängig, bestimmen. Nimmt man nun $\mathfrak{S}k$ willkürlich einmal gleich $\mathfrak{S}'k$ an und bezeichnet das dadurch entstandene Kräftebild wieder mit $(\mathfrak{S}'k)$, $(\mathfrak{S}')$, ein andermal gleich $\mathfrak{S}''k$, das davon abhängige Kräftebild sei $(\mathfrak{S}''k)$, $(\mathfrak{S}'')$, so werden die von $\mathfrak{S}k$ abhängigen Größen

$$\mathfrak{S}i = \mathfrak{S}'i \mp \mathfrak{S}''i,$$

wenn

$$\mathfrak{S}k = \mathfrak{S}'k \mp \mathfrak{S}''k.$$

Die Kontrolle ist wie nach **16**:

$$\mathfrak{S}n = \mathfrak{S}'n \mp \mathfrak{S}''n$$

muß nach Vorschrift durch einen gegebenen Punkt gehen, bestimmt dadurch sich und daraus rückwärts $\mathfrak{S}k$ sowie alle $\mathfrak{S}i$.

25. Als Beispiel stellt Abb. 13 die Aufsuchung der Gelenk-

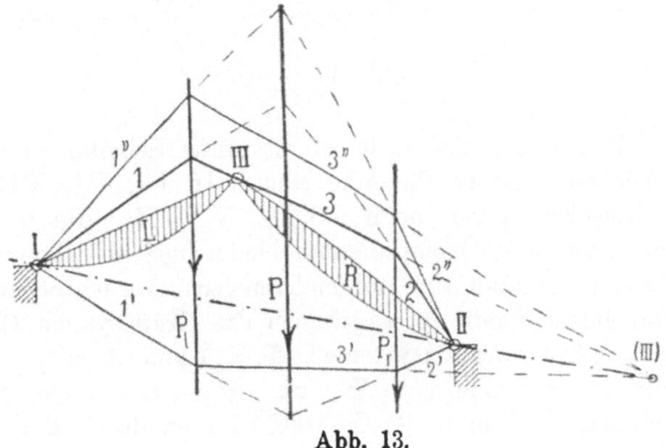

Abb. 13.

drücke eines Dreigelenkbogens dar. $\mathfrak{P}_r$ und $\mathfrak{P}_l$ sind die Resultierenden der an der rechten bezw. linken Scheibe angreifenden Kräfte, $\mathfrak{P}$ ist die Resultierende dieser beiden. $\mathfrak{S}'_1$ und $\mathfrak{S}''_1$ sind durch I beliebig angenommen, die Kontrolle ist

$$\mathfrak{S}_3 = \mathfrak{S}'_3 \,\hat{+}\, \mathfrak{S}''_3.$$

Etwas vereinfachen wird sich wie in **18** die Aufgabe durch Anwendung der in der Abbildung strichpunktiert wiedergegebenen Konstruktion.

26. Als weiteres Beispiel gibt Abb. 14 und 15 wieder, wie man die Stützen- und Gelenkdrücke eines aus fünf Scheiben

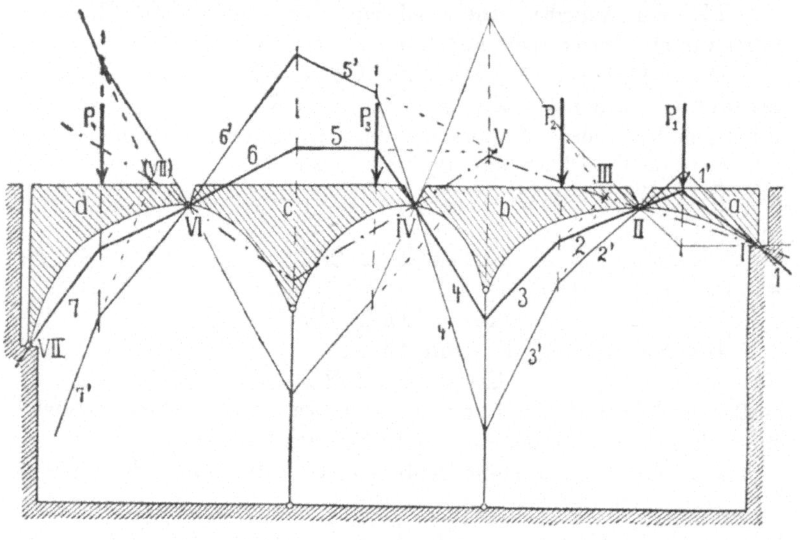

Abb. 14.

bestehenden Fachwerkes (die Erde ist als fünfte Scheibe eingeführt) ermittelt. Die tatsächlichen Gelenke sind I, II, IV, VI, VII. Als „gedachte Gelenke" treten noch auf III, V, (VII), durch welche $\mathfrak{S}_3$, $\mathfrak{S}_5$, $\mathfrak{S}_7$ bezw. deren Komponenten hindurchgehen müssen.

Die Lösung gestaltet sich folgendermaßen: Betrachtet man $\mathfrak{S}_1$ als gegebene äußere Kraft, so kann man das Kräftesystem $(\mathfrak{P}, \mathfrak{S}_1)$ zerlegen in die „Komponentensysteme" $(\mathfrak{P}, \mathfrak{S}'_1)$ und $(0, \mathfrak{S}''_1)$, so daß also $\mathfrak{S}_1$ die Resultierende von $\mathfrak{S}'_1$ und $\mathfrak{S}''_1$. Das erste System ruft für sich das Kräftebild $(\mathfrak{P}, \mathfrak{S}'_1)$, $(\mathfrak{S}')$ hervor, durch das zweite ist das Kräftebild $(0, \, \mathfrak{S}''_1), \, (\mathfrak{S}'')$ bestimmt. In Abb. 14 ist dieses durch die strichpunktierte Konstruktion gegeben, ersteres nach der innerhalb der vorliegenden Bedingungen willkürlichen Annahme von $\mathfrak{S}'_1$ mit Hilfe des Seilpolygons der Abb. 15 als Linienzug 1', 2', 3', 4', 5', 6', 7' eingetragen. Wegen

$$\mathfrak{S}_1 = \mathfrak{S}'_1 \,\hat{+}\, \mathfrak{S}''_1$$

ist nach (3) auch

$$\mathfrak{S}_7 = \mathfrak{S}'_7 \,\hat{+}\, \mathfrak{S}''_7.$$

$\mathfrak{S}'_7$ und $\mathfrak{S}''_7$ schneiden sich in (VII). Dadurch ist der Gelenkdruck $\mathfrak{S}_7$, der nach Vorschrift auch noch durch VII gehen muß, bestimmt, und damit rückwärts der Reihe nach $\mathfrak{S}_6$, $\mathfrak{S}_5$, ... $\mathfrak{S}_1$. Die Strecken 12, 23, 34, 45, 56, 67 der Polfigur, in diesem Richtungssinn gelesen, stellen die Kräfte P_1, P_2, Gb, P_3, Gc, P_4 vor, entsprechend 1'2' usw. je die ersten Komponenten dieser Kräfte. Gb und Gc sind dabei die an den Scheiben b und c angreifenden lotrechten Stützendrücke.

Zur Kontrolle ist noch ein weiteres Seilpolygon $\mathfrak{S}'''_1$, $\mathfrak{S}'''_2$, .. eingezeichnet, entstanden unter der Annahme $\mathfrak{S}_1 = \mathfrak{S}''_1 \,\hat{+}\, \mathfrak{S}'''_1$. Natürlich hat jetzt $\mathfrak{S}''_1$ einen anderen Wert wie bei der ersten Zerlegung $\mathfrak{S}_1 = \mathfrak{S}''_1 \,\hat{+}\, \mathfrak{S}'_1$.

Für den Fall, daß man das Fachwerk bezw. den Fachwerkträger in drei Scheiben zerlegen kann, die

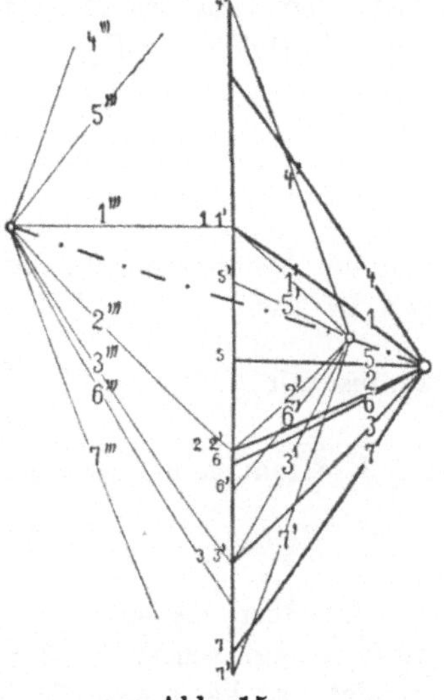

Abb. 15.

gegenseitig durch wirkliche oder gedachte Gelenke verbunden sind, spezialisiert sich das Korrekturprinzip zur Föpplschen Methode der imaginären Gelenke.

<h2 style="text-align:center">§ 7.</h2>

<h2 style="text-align:center">Das statisch unbestimmte Fachwerk.</h2>

27. Die statische Unbestimmtheit denke man sich zunächst in der Art der Auflagerung gegeben, beispielshalber durch einen Zweigelenkbogen. Als statisch unbestimmte Größe tritt dann der Horizontalschub H auf. Wäre H bekannt, so könnte man alle unbekannten Spannungen durch einen Cremonaplan oder im Fall eines nichteinfachen Trägers durch eine der in Betracht kommenden Methoden auffinden.

Das Korrekturprinzip sieht nun wieder den unbekannten Horizontalschub H als gegeben an und bestimmt die tatsächlich auftretenden Spannungen durch Superposition aus den Beiträgen der gegebenen äußeren Kräfte ohne H und aus den durch H allein verursachten. Die Unbekannte H findet sich aus der Kontrollgleichung, daß die Verschiebung des Punktes, an dem H angreift, Null sein muß. Nach dem Satz von Maxwell-Mohr ist die Verschiebung unter dem Einfluß der äußeren Kräfte in Richtung von H

$$\eta_1 = \frac{1}{H}\, \Sigma r S T = \Sigma u r S,$$

da

$$T_i = u_i\, H;$$

und die Verschiebung in der gleichen Richtung unter dem Einfluß von H allein

$$\eta_2 = \Sigma u^2 r H,$$

woraus mit

$$\eta_1 + \eta_2 = 0$$

der Horizontalschub gefunden wird als

$$H = -\frac{\Sigma u r S}{\Sigma u^2 r}.$$

Ist aber die statische Unbestimmtheit nicht in der Art der Auflagerung, sondern in der Zusammensetzung des Fachwerkes begründet, so kann man die Endpunkte des überzähligen Stabes als die Auflagergelenke auffassen — die vorhandenen wirklichen Auflagerkräfte natürlich als äußere Kräfte — und die gesuchte Stabspannung X des erwähnten Stabes als Horizontalschub, der dann wieder

$$X = -\frac{\Sigma u r S}{\Sigma u^2 r}.$$

§ 8.

Der Verschiebungsplan.

28. Voraussetzung: Man kennt die Längenänderung eines jeden Stabes l_i der vorliegenden Fachwerkskonstruktion. Die Frage, ob der Träger statisch bestimmt ist oder nicht, spielt erst dann eine Rolle, wenn man — natürlich innerhalb gegebener Grenzen — diese Längenänderungen, so wie es bei dem in Abb. 16 skizzierten Fachwerk geschehen ist, willkürlich annimmt. Die Zahl der willkürlich angenommenen Längenänderungen darf nur $2\,n - q$ sein, wenn n die Zahl der Knotenpunkte und q die der „überzähligen"

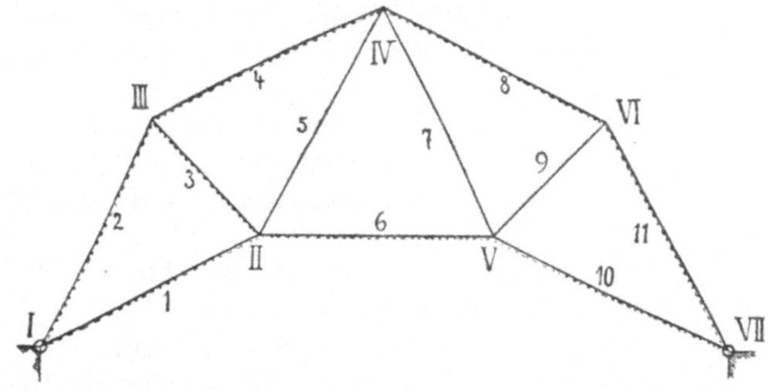

Abb. 16.

Stäbe ist; die Auflagerung denkt man sich dabei durch Stäbe bestimmt. Durch diese $2n - q$ Längenänderungen sind dann alle übrigen bestimmt.

Will man zunächst nur einen „Relativverschiebungsplan", der also nur die relative Verschiebung der einzelnen Knotenpunkte zum Fachwerk selbst angibt — die Verschiebung gegenüber den festen Auflagern, die absolute Verschiebung in der festen Ebene des Fachwerkes, ist damit noch nicht bestimmt — so kann man über die drei „Koordinaten" eines beliebig ausgewählten Fachwerkstabes willkürlich verfügen, d. h. man darf demselben eine willkürliche Lage in der Ebene vorschreiben; dadurch ist dann die Lage der übrigen Knotenpunkte nach der Methode des Verschiebungsplanes bestimmt.

Um von dem Relativverschiebungsplan zum absoluten überzugehen, hat man dem Träger nur mehr eine Bewegung so zu erteilen, daß er die durch die Auflagerung bedingte Endlage auch wirklich einnimmt. Dieser Übergang in die Endlage läßt sich stets durch Drehung des Trägers um einen leicht zu ermittelnden Punkt bewerkstelligen. Meist wird dieser gesuchte Punkt wie in Abb. 16 einer der festen Auflagerpunkte sein.

Vom Standpunkt des Korrekturprinzipes aus: Man macht über eine der gesuchten $2\,n-p$ Verschiebungskomponenten — p sind ja durch die Art der Auflagerung schon gegeben — eine mit den Systembedingungen verträgliche günstige Annahme v_k. Durch dieses v_k sind dann alle übrigen Verschiebungen v_i bestimmt und damit der Relativverschiebungsplan (v_k), (v) der Knotenpunkte I, II, ...

Eine andere Annahme v'_k bestimmt den Relativverschiebungsplan (v'_k), (v') dieser Knotenpunkte, d. i. den Plan I', II', ...

Ist nun die gesuchte absolute Verschiebung

$$v''_k = v_k + v'_k,$$

d. h. sind v_k und v'_k die Komponenten der gesuchten absoluten Verschiebung v''_k, dann gilt auch

$$v''_i = v_i + v'_i$$

und umgekehrt.

Eine durch die gegebenen Auflagerbedingungen stets zu erhaltende Kontrollgleichung gibt dann Aufschluß über eine oder mehrere der Verschiebungskomponenten, bestimmt daraus v_k und v'_k bezw. v''_k und damit dann alle v''_i als die Wege I'I, II'II, ...

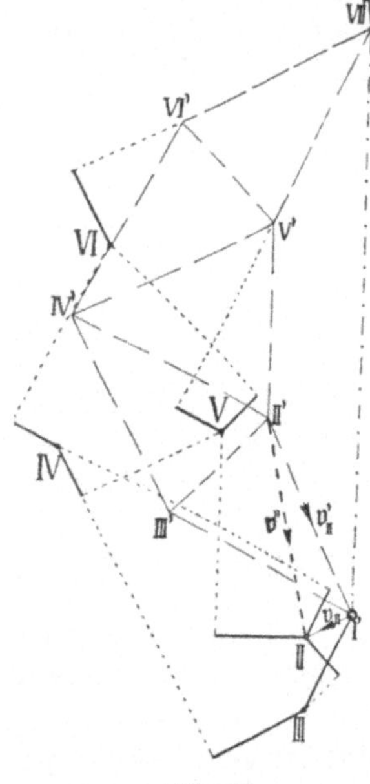

Abb. 17.

29. An dem durch Abb. 16 dargestellten einfach statisch unbestimmten Fachwerk ist z. B. angenommen, daß der Knotenpunkt II in Richtung des Stabes 1 um $\varDelta l_1$ sich verschiebt. Durch dieses v_{II} ist dann der Relativverschiebungsplan I, II, . . . VII der Abb. 17 bestimmt. Eine andere Annahme v'_{II} senkrecht zu v_{II} bestimmt den Relativverschiebungsplan I', II', ... VII' derselben Abbildung. Natürlich muß dieser, seiner geometrisch-mechanischen Deutung entsprechend, eine zum gegebenen Fachwerk ähnliche Figur ergeben. Speziell kann man wie im vorliegenden Fall v'_{II} so wählen, daß VII und VII' zusammenfallen, d. h. man zeichnet einfach über I VII als Basis das Fachwerk I', ... VII' ähnlich der Abb. 16. Dann ist

$$v''_{VII} = 0 = v_{VII} + v'_{VII}$$

die wahre Verschiebung des Knotenpunktes VII; und damit I'I, II' II, ... d. h.

$$v''_i = v_i + v'_i,$$

die wahre Verschiebung der übrigen Knotenpunkte.

Sinngemäß läßt sich die Methode natürlich auch, mit noch größerem Vorteil jedenfalls als beim ebenen Fachwerk, auf räumliche Konstruktionen anwenden.

<h2 style="text-align:center">§ 9.</h2>

<h2 style="text-align:center">Zerlegung der Kraft $\mathfrak{P}$ nach drei Raumkomponenten.</h2>

30. Die Aufgabe, $\mathfrak{P}$ nach drei Komponenten $\mathfrak{S}_1$, $\mathfrak{S}_2$, $\mathfrak{S}_3$ zu zerlegen, wenn alle vier Kräfte am nämlichen Punkt angreifen, findet durch das Korrekturprinzip eine recht einfache Lösung, wenn zufällig die gegebene Kraft zu einem der drei Risse senkrecht steht. In diesem Fall spezialisiert sich das Prinzip ebenso wie bei **20** zur

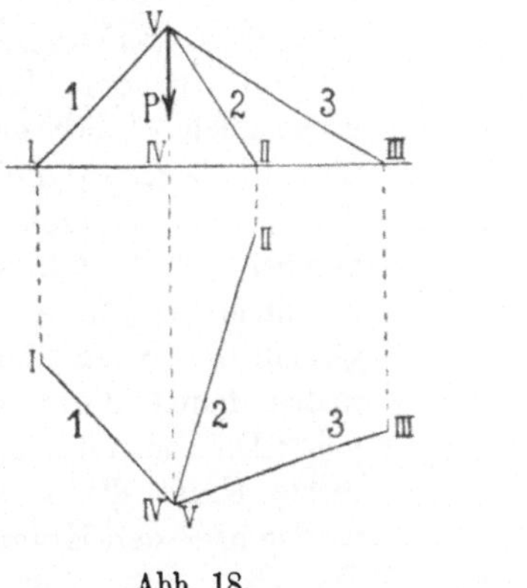
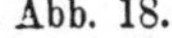
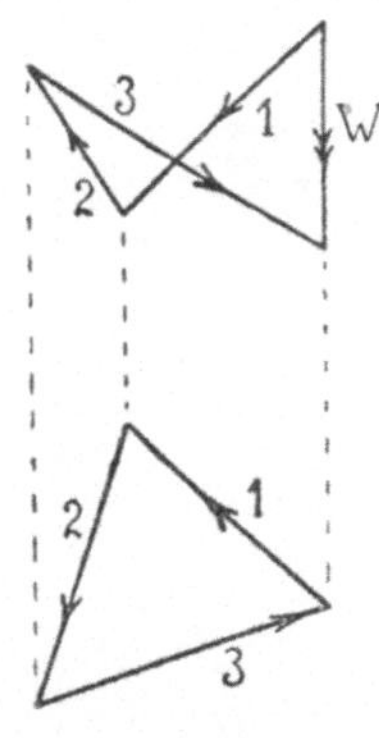

Abb. 18.Abb. 19.

Methode des unbestimmten Maßstabes. Für den Fall der Abb. 18, wo $\mathfrak{P}$ senkrecht zum Grundriß steht, gibt Abb. 19 die Lösung. Man nimmt im Grundriß $\mathfrak{S}'_1$ [die Indizes ' und '' beziehen sich hier auf den Grund- bezw. Aufriß] beliebig an und zerlegt es nach $\mathfrak{S}'_2$ und $\mathfrak{S}'_3$. Die Kontrolle im Aufriß,

$$\mathfrak{S}''_1 + \mathfrak{S}''_2 + \mathfrak{S}''_3 = \mathfrak{W},$$

ist identisch mit der Bedingung des Gleichgewichts im Aufriß,

$$\mathfrak{S}''_1 + \mathfrak{S}''_2 + \mathfrak{S}''_3 + \mathfrak{P} = 0,$$

wodurch sich der Maßstab zunächst für $\mathfrak{P}$ und damit für alle übrigen Kräfte bestimmt.

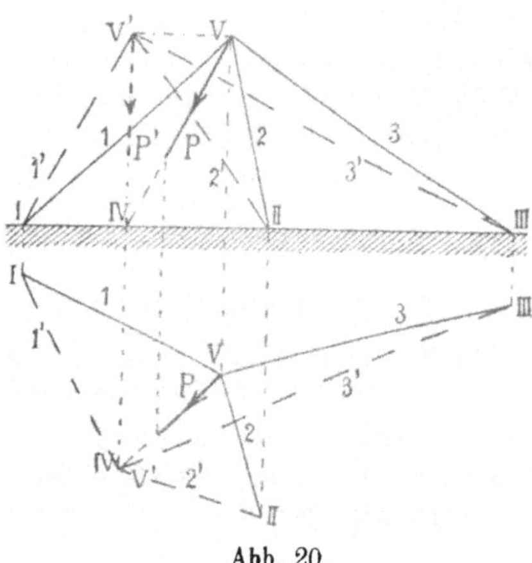

Abb. 20.

31. Liegt $\mathfrak{P}$ schief zu jedem der drei Risse, so findet man die Lösung der Aufgabe zunächst nach der Methode der homogenen Deformation auf zwei einfachen Wegen. Entweder indem man durch eine solche Deformation den gegebenen Fall auf den vorigen zurückführt. Abb. 20 gibt diese Deformation an: Die Punkte I, II, III, IV, die Spurpunkte der Kräfte $\mathfrak{S}_1$, $\mathfrak{S}_2$, $\mathfrak{S}_3$, $\mathfrak{P}$, bleiben unverändert, Knotenpunkt V, an dem diese Kräfte angreifen, wandert in der Horizontalebene nach V', wo er lotrecht über IV liegt, so daß die Bedingung der vorigen Nummer gegeben ist: $\mathfrak{P}'$ steht senkrecht zu einem der Risse, hier zum Grundriß. Nach der Deformation lautet dann die Aufgabe: Die zum Grundriß senkrechte Kraft $\mathfrak{P}'$ soll zerlegt werden nach den Komponenten $\mathfrak{S}'_1$, $\mathfrak{S}'_2$, $\mathfrak{S}'_3$, von welchen man die Richtung — diejenige von V'I, V'II, V'III — kennt. Ihre Lösung findet diese Aufgabe durch Abb. 21.

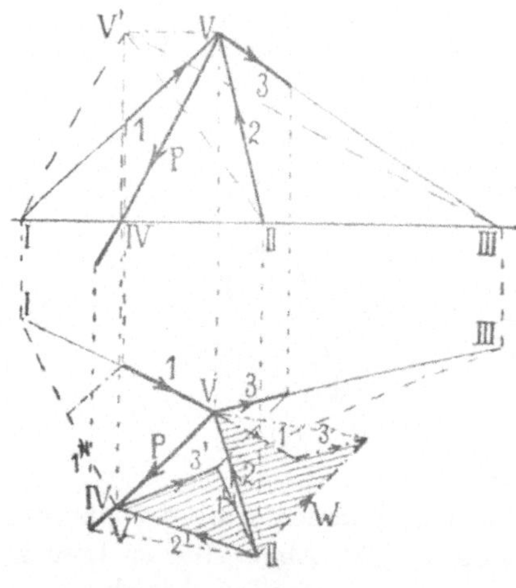

Abb. 21.

Die homogene Reformation in die Anfangslage gibt schließlich die wahre Größe der Grund- und Aufrißprojektion.

32. Einfacher wird die Lösung, wenn man die homogene Deformation so wählt, daß im Grundriß zwei der Kräfte $\mathfrak{P}$, $\mathfrak{S}_1$, $\mathfrak{S}_2$, $\mathfrak{S}_3$ in der nämlichen Geraden liegen. Eine solche Deformation kann stets so gewählt werden, daß der Aufriß sich nicht daran beteiligt, etwa wie Abb. 22 darstellt, wo man im Grundriß den Knotenpunkt V senkrecht zur Schnittgeraden von Grund- und Aufriß nach V' wandern läßt, bis die Komponenten $\mathfrak{S}'_1$ und $\mathfrak{S}'_2$ in die nämliche Gerade fallen. Man findet so nach Abb. 23 zunächst $\mathfrak{S}'_3$, und dann durch die Reformation zur Anfangslage $\mathfrak{S}_3$, woraus wieder $\mathfrak{S}_1$ und $\mathfrak{S}_2$ gewonnen werden.

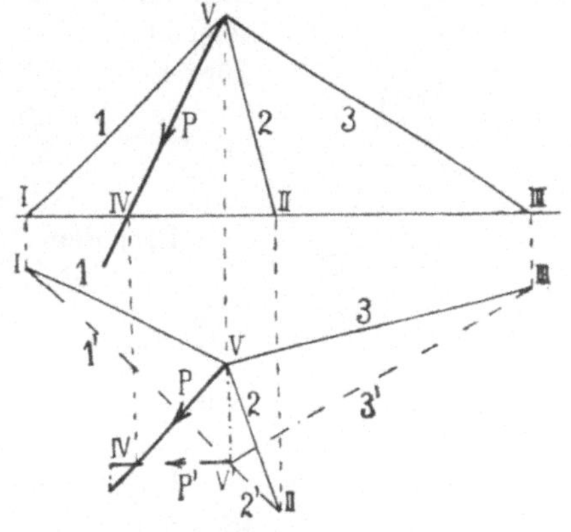
Abb. 22.

33. Selbstverständlich muß sich für die Methoden **31** und **32** auch vom Standpunkt der Zentralprojektion eine Erklärung geben lassen. Sie ist sogar plausibler als die vom Standpunkt der homogenen Deformation.

Im ersten Fall projiziert man von irgend einem Zentrum S auf der Kraft $\mathfrak{P}$ bezw. ihrer Verlängerung die Kräftegruppe auf den Grundriß, in welchem also $\mathfrak{P}$ verschwindet. Man

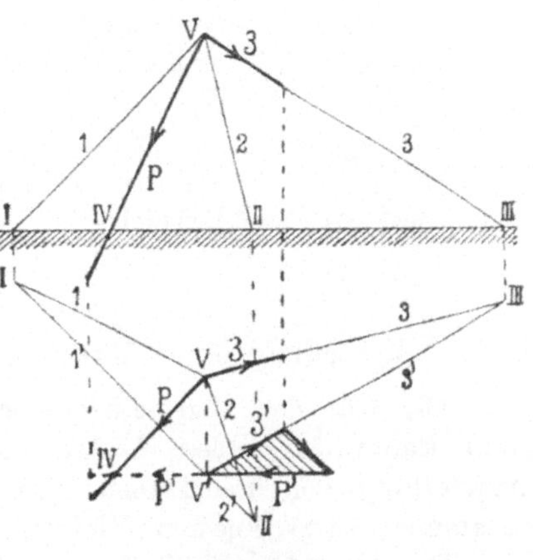
Abb. 23.

erhält damit das projizierte System $\mathfrak{S}'_1$, $\mathfrak{S}'_2$, $\mathfrak{S}'_3$ der Abb. 20, welches einfacher als das ursprüngliche behandelt werden kann.

Im zweiten Fall wählt man als Projektionszentrum S irgend einen Punkt der Ebene durch $\mathfrak{S}_1$ und $\mathfrak{S}_2$ so, daß der Projektionsstrahl von S durch V parallel zum Seitenriß wird, und erhält dann das recht einfach weiter zu behandelnde Projektionssystem $\mathfrak{P}'$, $\mathfrak{S}'_1$, $\mathfrak{S}'_2$, $\mathfrak{S}'_3$ der Abb. 22.

34. Wenn $\mathfrak{P}$ zu jedem der drei Risse schief ist, kann man auch unmittelbar nach dem Korrekturprinzip folgendermaßen vorgehen: Man nimmt $\mathfrak{S}_1$ willkürlich an und zerlegt in einem beliebigen Riß, etwa im Aufriß,

$$\mathfrak{P} + \mathfrak{S}'_2 + \mathfrak{S}'_3 = 0,$$
$$\mathfrak{S}_1 + \mathfrak{S}''_2 + \mathfrak{S}''_3 = 0.$$

In jedem Riß muß dann gelten

$$\mathfrak{P} + \mathfrak{S}_1 + \mathfrak{S}_2 + \mathfrak{S}_3 = 0$$

bezw.

$$(\mathfrak{P} + \mathfrak{S}'_2 + \mathfrak{S}'_3) + (\mathfrak{S}_1 + \mathfrak{S}''_2 + \mathfrak{S}''_3) = 0$$

oder

$$\mathfrak{W}' + \mathfrak{W}'' = 0.$$

Im Aufriß ist natürlich $\mathfrak{W}'$ wie $\mathfrak{W}''$ identisch Null, nicht aber im Grundriß, es sei denn, daß $\mathfrak{S}_1$ zufällig selbst Null ist. In diesem ist $\mathfrak{W}'$ eine durch $\mathfrak{P}$ bestimmte Größe, wodurch sich wieder $\mathfrak{W}''$ und damit das zu $\mathfrak{W}''$ proportionale $\mathfrak{S}_1$ ergibt.

Abb. 24 liefert die einfache Lösung dieser Aufgabe für das durch Abb. 20 gegebene Beispiel.

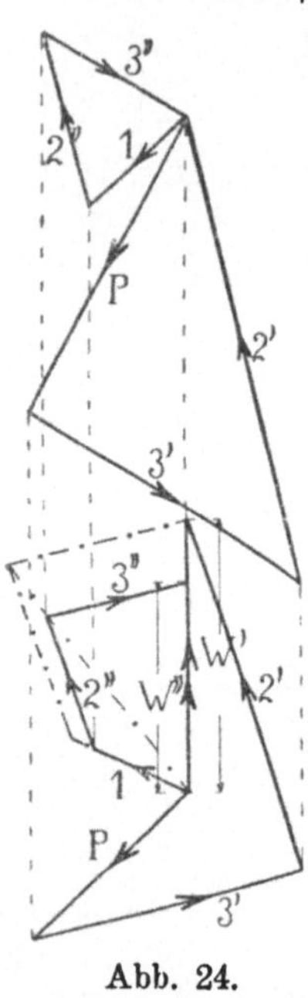

Abb. 24.

§ 10.
Zerlegung einer Kraft $\mathfrak{P}$ nach sechs Geraden.

35. Für den allgemeinsten Fall dieser Aufgabe kam bisher wohl kaum eine andere Lösung in Betracht als die analytische: Aufstellung von drei Translations- und drei Momentengleichungen, zusammen sechs linearen Gleichungen für die sechs Unbekannten.

Das Korrekturprinzip läßt auch hier eine relativ leichte Lösung auf verschiedenen Wegen zu. Es seien die sechs unbekannten Kräfte, nach denen $\mathfrak{P}$ zerlegt werden soll, mit $\mathfrak{S}_1$, $\mathfrak{S}_2$, ... $\mathfrak{S}_6$ bezeichnet.

Berücksichtigt man nur die Gleichgewichtsbedingung gegen Translation, so ist es immer möglich, eine Kraft nach drei beliebigen Richtungen im Raum zu zerlegen. Man betrachtet $\mathfrak{S}_1$, $\mathfrak{S}_2$, $\mathfrak{S}_3$ als gegebene äußere Kräfte neben der wirklich gegebenen Kraft $\mathfrak{P}$ und zerlegt $\mathfrak{P}$ nach $\mathfrak{S}'_4$, $\mathfrak{S}'_5$, $\mathfrak{S}'_6$; desgleichen $\mathfrak{S}_1$ nach $\mathfrak{S}''_4$, $\mathfrak{S}''_5$, $\mathfrak{S}''_6$, sowie $\mathfrak{S}_2$ nach $\mathfrak{S}'''_4$, $\mathfrak{S}'''_5$, $\mathfrak{S}'''_6$ und $\mathfrak{S}_3$ nach $\mathfrak{S}''''_4$, $\mathfrak{S}''''_5$, $\mathfrak{S}''''_6$. Die Kontrollgleichung, die $\mathfrak{S}_1$, $\mathfrak{S}_2$, $\mathfrak{S}_3$ aufzufinden gestattet, ist die Gleichgewichtsbedingung gegen Drehung,

$$\Sigma \mathfrak{M} = 0$$

oder

$$\Sigma \mathfrak{M}' + \Sigma \mathfrak{M}'' + \Sigma \mathfrak{M}''' + \Sigma \mathfrak{M}'''' = 0$$

oder

$$\mathfrak{W}' + \mathfrak{W}'' + \mathfrak{W}''' + \mathfrak{W}'''' = 0.$$

$\mathfrak{W}' = \Sigma \mathfrak{M}'$ ist eine durch $\mathfrak{P}$ bestimmte Größe, $\mathfrak{W}'' = \Sigma \mathfrak{M}''$,

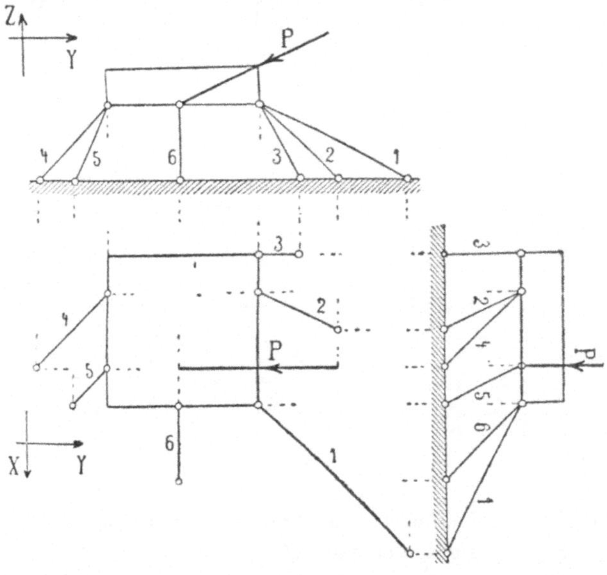

Abb. 25.

ebenso $\mathfrak{W}'''$ und $\mathfrak{W}''''$ sind proportional den unbekannten Kräften $\mathfrak{S}_1$ bezw. $\mathfrak{S}_2$ und $\mathfrak{S}_3$. Die Zerlegung von $\mathfrak{W}'$ nach den drei Richtungen von $\mathfrak{W}''$, $\mathfrak{W}'''$, $\mathfrak{W}''''$ bestimmt diese und damit auch $\mathfrak{S}_1$, $\mathfrak{S}_2$, $\mathfrak{S}_3$, hernach durch Superposition $\mathfrak{S}_4$, $\mathfrak{S}_5$, $\mathfrak{S}_6$.

36. Der zweite Weg, der die Lösung mit alleiniger Anwendung des Seilpolygons gestattet, soll an einem Beispiel erklärt werden, das durch Abb. 25 hinreichend definiert ist. Die alleinige Berücksichtigung des Gleichgewichtes im Grundriß gestattet, $\mathfrak{P}$, $\mathfrak{S}_1$, $\mathfrak{S}_2$, $\mathfrak{S}_3$ je nach $\mathfrak{S}_4$, $\mathfrak{S}_5$, $\mathfrak{S}_6$ zu zerlegen, wenn man $\mathfrak{S}_1$, $\mathfrak{S}_2$, $\mathfrak{S}_3$ ebenfalls als gegebene Kräfte betrachtet.

In Abb. 26 ist die Zerlegung von $\mathfrak{P}$ nach $\mathfrak{S}'_4$, $\mathfrak{S}'_5$, $\mathfrak{S}'_6$ durchgeführt, entsprechend die von $\mathfrak{S}_1$ nach $\mathfrak{S}''_4$, $\mathfrak{S}''_5$, $\mathfrak{S}''_6$, die von $\mathfrak{S}_2$ nach $\mathfrak{S}'''_4$, $\mathfrak{S}'''_5$, $\mathfrak{S}'''_6$ und die von $\mathfrak{S}_3$ nach $\mathfrak{S}''''_4$, $\mathfrak{S}''''_5$, $\mathfrak{S}''''_6$. Natürlich sind $\mathfrak{S}_1$, $\mathfrak{S}_2$, $\mathfrak{S}_3$ einstweilen durch Strecken von willkür-

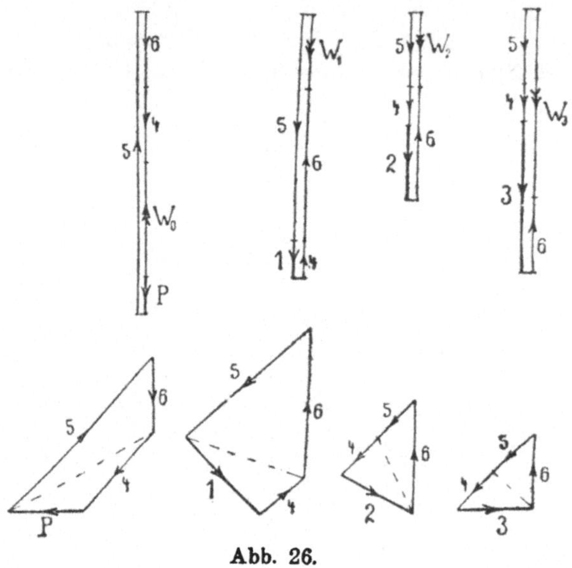

Abb. 26.

licher Größe auszudrücken, in Abb. 26 wurde die Y-Komponente von $\mathfrak{S}_1$, $\mathfrak{S}_2$, $\mathfrak{S}_3$ gleich der von $\mathfrak{P}$ gewählt.

Die Kontrollgleichungen, welche $\mathfrak{S}_1$, $\mathfrak{S}_2$, $\mathfrak{S}_3$ ermitteln lassen, oder was auf das gleiche hinauskommt, den Maßstab für die Zerlegungspolygone der Abb. 26 bestimmen, sind die noch fehlenden Gleichgewichtsbedingungen: Die Z-Komponenten aller Kräfte müssen im Gleichgewicht sein, wenn man, wie beim vorliegenden Beispiel geschehen, die Angriffspunkte aller Kräfte in eine zur z-Axe senkrechte Ebene verlegt und dort die Zerlegung nach Komponenten vornimmt. Durch die Konstruktion der Abb. 26 ist das Gleichgewicht der X- und Y-Komponenten, da sie ja alle in der unteren Ebene des Quaders liegen, bereits vollständig berücksichtigt. Die noch restierenden Gleichgewichtsbedingungen lassen sich ausdrücken durch die Formel

$$\Sigma Z' \stackrel{\wedge}{+} \Sigma Z'' \stackrel{\wedge}{+} \Sigma Z''' \stackrel{\wedge}{+} \Sigma Z'''' = 0$$

oder

$$W_0 \stackrel{\wedge}{+} W_1 \stackrel{\wedge}{+} W_2 \stackrel{\wedge}{+} W_3 = 0. \tag{9}$$

$W_0 = \Sigma Z'$ ist eine durch $\mathfrak{P}$ bestimmte Kraft, deren Größe und Richtung durch Abb. 26 wiedergegeben wird, während die Lage durch je ein Seilpolygon im Aufriß und Grundriß gefunden wird, so wie Abb. 27 angibt. $W_1 = \Sigma Z''$ bezw. $W_2 = \Sigma Z'''$ und $W_3 = \Sigma Z''''$, die nach Größe, Richtung und Lage auf die gleiche Weise gewonnen werden wie W_0, sind proportional den unbekannten Kräften $\mathfrak{S}_1$ bezw. $\mathfrak{S}_2$ und $\mathfrak{S}_3$.

In Abb. 28 sind alle diese Kräfte W_0, W_1, W_2, W_3 nach Größe, Richtung und Lage eingetragen, so wie sie durch die Konstruktionen der Abb. 26 und 27 gefunden wurden. W_1, W_2, W_3 natürlich falsch, da ja auch $\mathfrak{S}_1$, $\mathfrak{S}_2$, $\mathfrak{S}_3$ beliebig angenommen wurde. (0) im Grundriss gibt die Lage von W_0 an, es ist der Durchstoßpunkt dieser Kraft mit der z-Ebene; entsprechend geben (1), (2), (3) die Lage von W_1, W_2, W_3 an. (4) ist der Schnittpunkt der Geraden (0) (2) mit der Geraden (1) (3).

Die wahren Werte von W_1, W_2, W_3, bezeichnet mit W'_1, W'_2, W'_3, bestimmen sich nach der Gleichgewichtsbedingung (9) — die ja drei analytische Gleichungen ersetzt — durch die Lage der vier Punkte (0), (1), (2), (3). Es muß, wenn s_{ik} die Entfernung der Punkte (i) und (k) angibt, gelten

$$W_0 \cdot s_{40} = W_2 \cdot s_{42},$$
$$W_1 \cdot s_{41} = W_3 \cdot s_{43},$$
$$W_0 + W_1 + W_2 + W_3 = 0,$$

wodurch sich mit $P' = 1$, d. i. die gegebene Grundrißkomponente von $\mathfrak{P}$, und daraus hervorgehendem $W_0 = 1{,}5$ ergibt

$$W'_1 = 1{,}77, \quad W'_2 = -0{,}81, \quad W'_3 = 0{,}55.$$

Im selben Verhältnis als sich die so gefundenen wahren Werte W_i' gegenüber den durch die Konstruktion der Abb. 26 erhaltenen geändert haben, müssen sich auch die willkürlich angenommenen $\mathfrak{S}_1$, $\mathfrak{S}_2$, $\mathfrak{S}_3$ ändern, um zu den tatsächlich auftretenden Stützkräften zu werden.

In Abb. 26 war willkürlich angenommen, daß die Grundrißprojektionen von $\mathfrak{S}_1$, $\mathfrak{S}_2$, $\mathfrak{S}_3$ den Wert

$$S_1 = \sqrt{2}, \qquad S_2 = {}^1\!/_2\sqrt{5}, \qquad S_3 = 1$$

haben; daraus ergaben sich — natürlich falsch —

$$W_1 = 1, \qquad W_2 = 1, \qquad W_3 = 2,5.$$

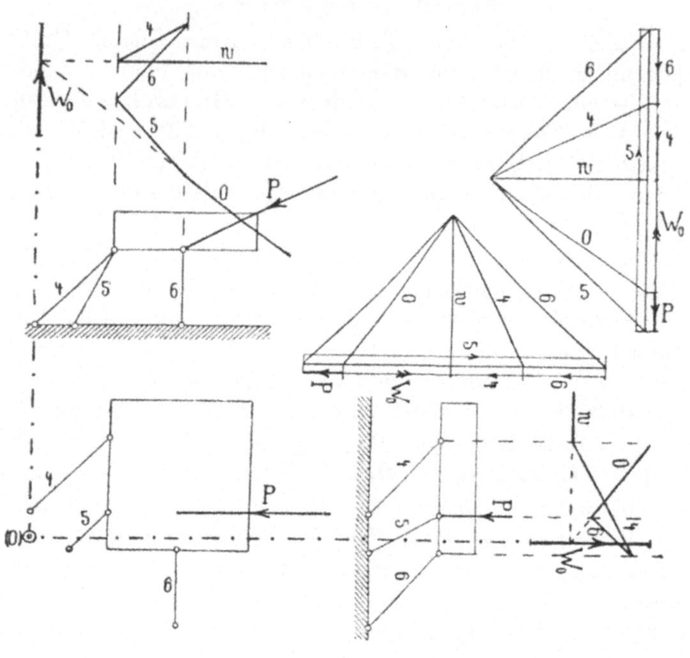

Abb. 27.

Die Kontrollgleichungen lieferten die wahren Werte

$$W'_1 = 1,77, \qquad W'_2 = -0,81, \qquad W'_3 = 0,55,$$

so daß nunmehr die wahren Werte der Grundrißprojektionen

$$S_1 = \sqrt{2}\cdot\frac{1,77}{1}, \qquad S_2 = {}^1\!/_2\sqrt{5}\cdot\frac{-0,81}{1}, \qquad S_3 = 1\cdot\frac{0,55}{2,5}$$

oder

$$S_1 = 2,49, \qquad S_2 = -0,92, \qquad S_3 = 0,22$$

sich ergeben. Durch Superposition aus den Einzelpolygonen der
Abb. 26 werden dann noch gefunden

$$S_4 = -0,26, \qquad S_5 = 0,48, \qquad S_6 = -1,5.$$

Zum Schluß sind in Abb. 29 alle Stützkräfte, so wie sie ermittelt wurden, eingetragen.

37. Eine dritte Methode wird wie im vorigen Fall im Grundriß $\mathfrak{P}$, $\mathfrak{S}_1$, $\mathfrak{S}_2$, $\mathfrak{S}_3$ je nach $\mathfrak{S}_4$, $\mathfrak{S}_5$, $\mathfrak{S}_6$ zerlegen, dann aber jedesmal analytisch die erhaltenen Komponenten nach P, S_1, S_2, S_3, d. s. die Grundrißkomponenten von $\mathfrak{P}$, $\mathfrak{S}_1$, $\mathfrak{S}_2$, $\mathfrak{S}_3$, ausdrücken.

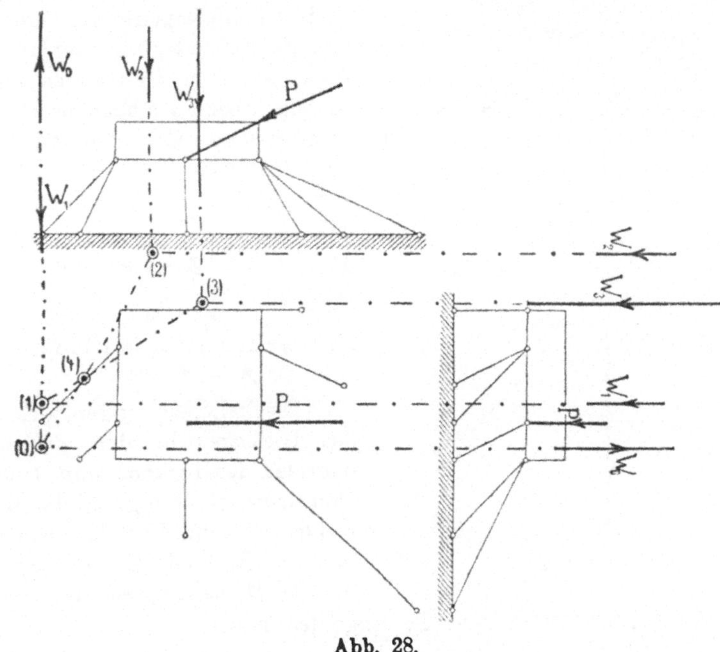

Abb. 28.

Nach Abb. 26 ergibt sich damit, wenn man durch den Index ' bezw. " usw. die Entstehung von $\mathfrak{P}$, $\mathfrak{S}_1$, $\mathfrak{S}_2$, $\mathfrak{S}_3$ her ausdrückt,

$$S'_4 = + \sqrt{2} \cdot P, \qquad S''_5 = - \sqrt{2} \cdot P, \qquad S'_6 = + 1 \cdot P;$$
$$S''_4 = - \tfrac{1}{2} \cdot S_1, \qquad S''_5 = + \tfrac{3}{2} \cdot S_1, \qquad S''_6 = - \sqrt{2} \cdot S_1;$$
$$S'''_4 = + \sqrt{\tfrac{2}{5}} \cdot S_2, \qquad S'''_5 = + \sqrt{\tfrac{2}{5}} \cdot S_2, \qquad S'''_6 = - \sqrt{\tfrac{9}{5}} \cdot S_2;$$
$$S''''_4 = + \sqrt{\tfrac{1}{2}} \cdot S_3, \qquad S''''_5 = + \sqrt{\tfrac{1}{2}} \cdot S_3, \qquad S''''_6 = - 1 \cdot S_3.$$

Damit superponieren sich die Grundrißprojektionen S_4, S_5, S_6 zu

$$S_4 = \sqrt{2} \cdot P - \tfrac{1}{2} \cdot S_1 + \sqrt{2/5} \cdot S_2 + \sqrt{1/2} \cdot S_3 ,$$

$$S_5 = -2\sqrt{2} \cdot P + \tfrac{3}{2} \cdot S_1 + \sqrt{2/5} \cdot S_2 + \sqrt{1/2} \cdot S_3 , \qquad (10)$$

$$S_6 = 1 \cdot P - \sqrt{2} \cdot S_1 - \sqrt{9/5} \cdot S_2 - 1 \cdot S_3 .$$

Die drei nur mehr vorkommenden Unbekannten S_1, S_2, S_3

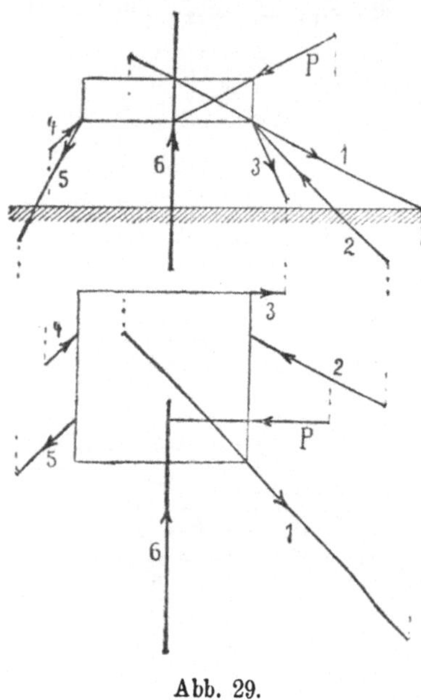

Abb. 29.

findet man wie im vorigen Fall, indem man noch das Gleichgewicht der Z-Komponenten berücksichtigt. Die Zerlegung aller Kräfte findet wieder in der unteren horizontalen Ebene des beanspruchten Quaders statt. Seien die Z-Komponenten von $\mathfrak{P}$, $\mathfrak{S}_1$, ... $\mathfrak{S}_6$ bezw. Z, Z_1, ... Z_6 genannt, so daß also

$$Z = \tfrac{1}{2} \cdot P, \quad Z_1 = \sqrt{1/8} \cdot S_1 ,$$

$$Z_2 = \sqrt{4/5} \cdot S_2 , \quad Z_3 = 2 \cdot S_3 ,$$

$$Z_4 = \sqrt{1/2} \cdot S_4 , \quad Z_5 = \sqrt{2} \cdot S_5 , \qquad (11)$$

$$Z_6 = 1 \cdot S_6 .$$

Die drei Gleichungen, welche das Gleichgewicht der Z-Komponenten ausdrücken, sind 1. die Translationsgleichung, 2. die Momentengleichung bez. der Kante, an der $\mathfrak{S}_4$ und $\mathfrak{S}_5$ angreifen, 3. die Momentengleichung bez. der Kante, an der $\mathfrak{S}_1$ und $\mathfrak{S}_6$ angreifen, also

$$Z + Z_1 + Z_2 + Z_3 + Z_4 + Z_5 + Z_6 = 0,$$

$$- Z \cdot 2 + Z_1 \cdot 4 + Z_2 \cdot 4 + Z_3 \cdot 4 + Z_6 \cdot 2 = 0, \qquad (12)$$

$$+ Z \cdot 1 + Z_2 \cdot 3 + Z_3 \cdot 4 + Z_4 \cdot 3 + Z_5 \cdot 1 = 0.$$

Daraus wird, wenn man zunächst mit (11) alle Z nach den Grundrißkomponenten ausdrückt,

$$\tfrac{1}{2} \cdot P + \sqrt{1/8} \cdot S_1 + \sqrt{4/5} \cdot S_2 + 2\,S_3 + \sqrt{1/2} \cdot S_4 + \sqrt{2} \cdot S_5 + S_6 = 0,$$

$$\tfrac{1}{2} \cdot P + \sqrt{1/2} \cdot S_1 + \sqrt{16/5} \cdot S_2 + 4\,S_3 + S_6 = 0,$$

$$\tfrac{1}{2} \cdot P + \sqrt{36/5} \cdot S_2 + 8\,S_3 + \sqrt{9/2} \cdot S_4 + \sqrt{2} \cdot S_5 = 0.$$

Und daraus wieder nach Berücksichtigung von (10)

$$- 3\,P + \sqrt{2}\,.\,S_1 + \frac{4}{\sqrt{5}}\,.\,S_2 + 5\,S_3 = 0,$$

$$+ 3\,P - \sqrt{2}\,.\,S_1 + \frac{2}{\sqrt{5}}\,.\,S_2 + 6\,S_3 = 0,$$

$$- P + \frac{3}{\sqrt{2}}\,.\,S_1 + \frac{22}{\sqrt{5}}\,.\,S_2 + 21\,S_3 = 0.$$

Die Auflösung dieser Gleichungen gibt, wenn die Grundrißprojektion $P = 1$ gegeben, der Reihe nach

$$S_2 = -\,0{,}908, \qquad S_3 = 0{,}221, \qquad S_1 = 2{,}481.$$

Die Gleichungen (10) liefern schließlich noch

$$S_4 = -\,0{,}251, \qquad S_5 = 0{,}468, \qquad S_6 = -\,1{,}516.$$

Damit sind die Grundrißprojektionen aller Stützkräfte bekannt, die Ermittlung der Aufrißprojektionen und der wahren Größen bietet keinerlei Schwierigkeiten mehr.

§ 11.
Die Netzwerkkuppel.
Berechnung nach dem Korrekturprinzip.

38. Für die Ermittlung der Stabspannungen eines nichteinfachen räumlichen Fachwerkes war im allgemeinen Fall neben der Methode der Knotenpunktsbedingungen bisher wohl nur das Verfahren der Stabvertauschung üblich. In verwickelteren Fällen wird die Lösung der Aufgabe langwierig. Nun ist ja allerdings der Begriff des „allgemeinen Falles" der Diskussion ziemlich entrückt. In der Praxis gibt es der „allgemeinen Fälle" wenige. Fast immer läßt sich mit Erfolg eine der vorgeschlagenen Methoden eventuell auch eine Kombination derselben anwenden. Im nachfolgenden werden nur die bis jetzt in der Praxis gebräuchlichen Kuppeln, dazu das Zeltdach, besprochen, welche Konstruktionen sich alle zwei bestimmten Klassen zuweisen lassen.

Erste Klasse: Die Spannungen der Stäbe eines bestimmten Stockwerkes sind nur abhängig von den Kräften, die an den obern Knoten dieses Stockwerkes oder der nächstoberen Stockwerke angreifen.

Zweite Klasse: Die Spannungen der Stäbe eines bestimmten Stockwerkes sind auch von den weiter unten angreifenden Kräften abhängig.

Die Bedingung, daß eine Kuppel bezw. das untersuchte Stockwerk dieser Kuppel der ersten Klasse angehört, ist: Die n Knotenpunkte des untersuchten Stockwerkes müssen durch $3\,n$ Stäbe unter sich und mit dem untern Stockwerk starr verbunden sein — „starr" in erster Annäherung natürlich. Dies wird am besten etwa dadurch erreicht, daß zunächst n Stäbe unter sich den „Ring" bilden; zumeist werden diese Stäbe in der nämlichen Ebene liegen. Die restierenden $2\,n$ Stäbe werden günstig dann so verteilt, daß von jedem Knotenpunkt zwei Stäbe zum untern Stockwerk gehen. Dies trifft z. B. zu bei der Netzwerk- und bei der Schwedlerkuppel.

Gehören zum untersuchten Stockwerk mehr als $3\,n$ Stäbe, so können naturgemäß Spannungen in ihm auch dann entstehen, wenn nur am nächstuntern Stockwerk Kräfte angreifen. Hieher gehören die Leipziger, die Reichstags-, die Scheibenkuppel, das Zeltdach.

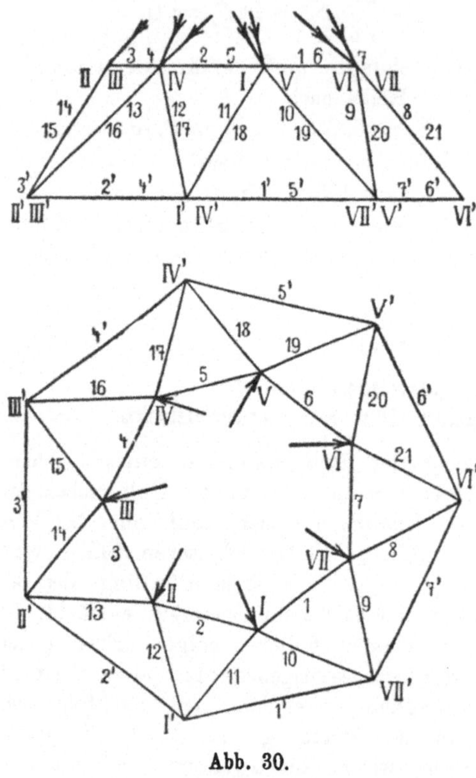

Abb. 30.

39. Für alle Kuppeln der ersten Klasse gibt es eine ganz bestimmte Lösungsmethode mit Hilfe des Korrekturprinzips. Dieses sei im nachfolgenden besprochen an dem durch Abb. 30 wiedergegebenen Flechtwerk, einer Netzwerkkuppel. An den Knotenpunkten dieses Flechtwerkes greifen an die irgendwie gegebenen Kräfte P_I, $P_{II}, \ldots P_{VII}$, in der Zeichnung kurz mit I, II, $\ldots$ VII bezeichnet. Sie können unmittelbar gegeben sein als äußere Kräfte oder ent-

standen als die Resultierenden der an diesen Knotenpunkten angreifenden äußeren Kräfte und der bereits ermittelten Spannungen
der nach obenhin das Flechtwerk fortsetzenden Stäbe. Letztere
sind in der Abbildung weggelassen. Von den Stäben 1, 2, ... n
muß man nicht, so wie die Abbildung angibt, annehmen, daß sie
in einer Ebene liegen; auch regulär muß das Fachwerk nicht sein.
Die nachfolgende Überlegung verliert
keineswegs an Allgemeinheit der Entwicklung durch den spezialisierten Fall der
Abbildung.

Der Gedankengang, den das Korrekturprinzip hier einschlägt, ist folgender:
Wenn an einem Knotenpunkt nur zwei
unbekannte Kräfte S_k und S_l angreifen,
so kann man nach Wahl entweder im
Grundriß oder im Aufriß die Zerlegung
der bekannten Kraft S_i nach diesen beiden
unbekannten Kräften S_k und S_l vornehmen.
Betrachtet man nun die Ringspannungen
S_1, S_2, ... S_n als gegebene äußere Kräfte,
dann greifen tatsächlich an jedem Knotenpunkt nur je zwei unbekannte Kräfte an,
die durch einfache Zerlegung im Grundriß oder im Aufriß zu ermitteln sind. Es
werden sich also die Spannungen der die
Kuppel nach unten fortsetzenden Stäbe
$n + 1$, $n + 2$, ... superponieren aus den
durch die wirklich gegebenen Kräfte P
herrührenden Beiträgen und denjenigen
durch die gegeben gedachten Kräfte S_1,
S_2, ... S_n.

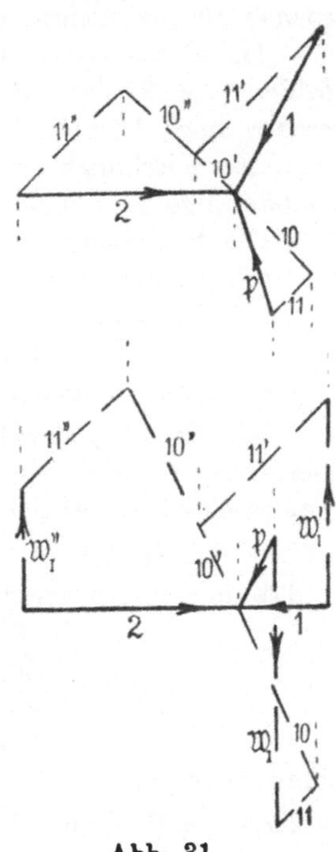

Abb. 31.

Erfolgt die Zerlegung der wirklich oder vorausgesetzt gegebenen
Kräfte am Knoten i im Grundriß, so muß jedesmal die Tatsache
des Gleichgewichts dieses Knotens i im Aufriß wie unter **34** eine
Kontrollgleichung geben: also n Gleichungen für die n Unbekannten
S_1, S_2, ... S_n. Abb. 31 gibt diese Kontrolle und ihre Entstehung,

$$W_I + W'_I + W''_I = 0,$$

für den Knoten I wieder. Es ist

$$W'_I = \varkappa_I S_1,$$
$$W''_I = \lambda_I S_2,$$

also

$$W_I + \varkappa_I S_1 + \lambda_I S_2 = 0. \tag{1}$$

Für den zweiten Knotenpunkt hat man entsprechend

$$W_{II} + \varkappa_{II} S_2 + \lambda_{II} S_3 = 0,$$

ebenso für die übrigen Knotenpunkte.

Dabei sind die $\varkappa$ und λ aus der Konstruktion zu entnehmende Zahlen, die W aber durch die äußeren Kräfte bestimmt. Unter **42** werden noch Formeln für die $\varkappa$, λ und W gegeben. Für ein bestimmtes Flechtwerk sind natürlich die $\varkappa$ und λ von der Belastung unabhängige Konstante.

Die Spannungen $S_2, \ldots S_n$ kann man durch die ersten $n-1$ Kontrollgleichungen leicht nach S_1 ausdrücken. Der letzte Knotenpunkt liefert dann mit

$$W_n + \varkappa_n S_n + \lambda_n S_1 = 0$$

S_1 und damit die übrigen $S_2, \ldots S_n$.

40. In den praktisch vorkommenden Fällen gestalten sich diese Gleichungen äußerst einfach. Für den Fall der regelmäßigen Netzwerkkuppel der Abb. 30 sind alle $\varkappa$ und λ einander gleich,

$$\varkappa = \varkappa_I = \ldots = \varkappa_n = \lambda_I = \ldots = \lambda_n = \lambda, \tag{14}$$

so daß aus den Kontrollgleichungen (13) wird

$$W_I + \varkappa(S_1 + S_2) = 0,$$
$$W_{II} + \varkappa(S_2 + S_3) = 0,$$
$$- - - - - - -$$
$$W_{VII} + \varkappa(S_7 + S_1) = 0,$$

woraus sich ergibt

$$-2\varkappa S_1 = W_I - W_{II} + W_{III} - W_{IV} + W_V - W_{VI} + W_{VII},$$
$$-2\varkappa S_2 = W_{II} - W_{III} + W_{IV} - W_V + W_{VI} - W_{VII} + W_I,$$
$$- - - - - - - - - - - - - - - - - - \tag{15}$$
$$-2\varkappa S_7 = W_{VII} - W_I + W_{II} - W_{III} + W_{IV} - W_V + W_{VI}.$$

Die W sind graphisch leicht auffindbar und damit nach Berechnung der $S_1, S_2, \ldots S_7$ mit einem einfachen ebenen Kräfteplan im Grundriß oder im Aufriß alle übrigen Stabspannungen des untersuchten Stockwerkes: $S_8, S_9, \ldots S_{21}$. Die Aufgabe, die Spannungen einer symmetrischen Netzwerkkuppel aufzusuchen, findet so eine relativ einfache Lösung. Es ist nur notwendig, im Grundriß die Kräfte $P_I, P_{II}, \ldots P_{VII}$ je nach den Spannungen der beiden

Füllungsstäbe zu zerlegen und im Aufriß je das Kontrollpolygon zu zeichnen, woraus sich W_I, W_{II}, $\ldots W_{VII}$ ergeben. $\varkappa$ läßt sich wie in Abb. 31 an einem Kontrollpolygon für die Zerlegung einer Ringstabspannung ablesen. Dann liefern die Gleichungen (15) unmittelbar die Stabspannungen S_1, S_2, $\ldots S_7$ und mit ihnen die übrigen S_8, $\ldots S_{21}$. Man hat sich gar nicht um die Ebenen zu kümmern, in denen die Kräfte vorkommen, also auch um keine Schnitte von solchen.

[Nach den vorausgehenden Bemerkungen in § 5 glaube ich plausibel gemacht zu haben, daß die geometrische Aufgabe, den Schnitt zweier Ebenen aufzufinden, auch als statische Aufgabe betrachtet werden kann. Das ist der tiefere Grund, warum in der eben besprochenen Aufgabe Schnitte von Kraftebenen nicht vorkommen.]

41. Abb. 30 stellt ein Stockwerk einer symmetrischen Netzwerkkuppel mit sieben Ringstäben dar. An den Knotenpunkten I, II, $\ldots$ VII greifen die irgendwie gegebenen Kräfte P_I, P_{II}, $\ldots$ P_{VII} an. Abb. 32, K. M. 1 $mm = 40$ kg, gibt die Ermittlung der W_I, W_{II}, $\ldots W_{VII}$ an, sowie die von $\varkappa$ durch W'_{II}. Die gegebenen Kräfte sind stark ausgezogen, die W_I, W_{II}, $\ldots W_{VII}$ stark gestrichelt und mit Pfeilen versehen, das strichpunktierte Polygon am linken Ende der Abbildung gibt die Entwicklung von W'_{II} [in Abb. 32 steht W_{II} statt W'_{II}] und damit von $\varkappa$ wieder: S_3, als Zug angenommen, ist im Grundriß gleich der doppelten Länge des Stabes 3 gewählt und dann nach den Spannungen der Stäbe 12 und 13 zerlegt worden. Nach (13) ist

$$W'_{II} = \varkappa\, S_3,$$

woraus sich $\varkappa = -0{,}95$ ergibt.

Für W muß ein bestimmter Richtungssinn als positiver eingeführt werden. Welcher, ist gleichgültig; um in Übereinstimmung mit den noch folgenden Formeln für die Netzwerkkuppel zu bleiben, werde W nach oben positiv gezählt.

Mit der Annahme der P_i, so wie Abb. 32 angibt, erhält man

$$W_I = 1{,}15, \quad W_{II} = 1{,}04, \quad W_{III} = 1{,}04, \quad W_{IV} = 1{,}09,$$
$$W_V = 0{,}73, \quad W_{VI} = 1{,}15, \quad W_{VII} = 0{,}94$$

und daraus

$$S_1 = 0{,}3, \quad S_2 = 0{,}91, \quad S_3 = 0{,}19, \quad S_4 = 0{,}91,$$
$$S_5 = 0{,}24, \quad S_6 = 0{,}54, \quad S_7 = 0{,}68.$$

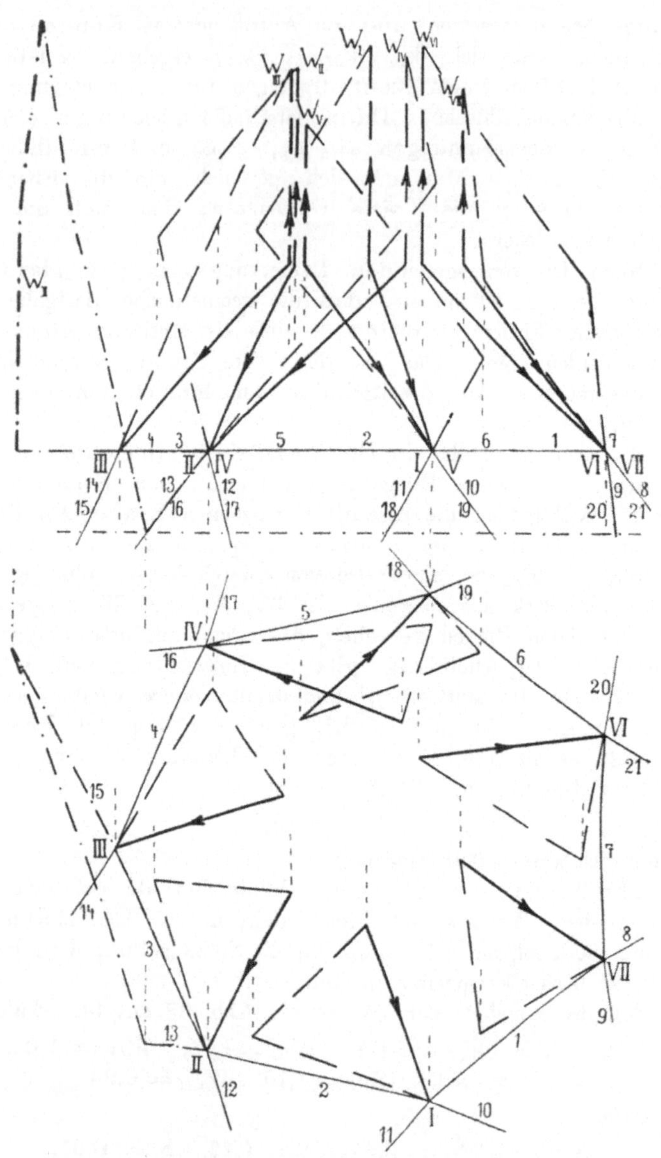

Abb. 32. K. M. 1 mm = 40 kg.

Der Kräfteplan der Abb. 33 stellt dann Grund- und Aufriß sämtlicher Spannungen des untersuchten Stockwerkes dar.

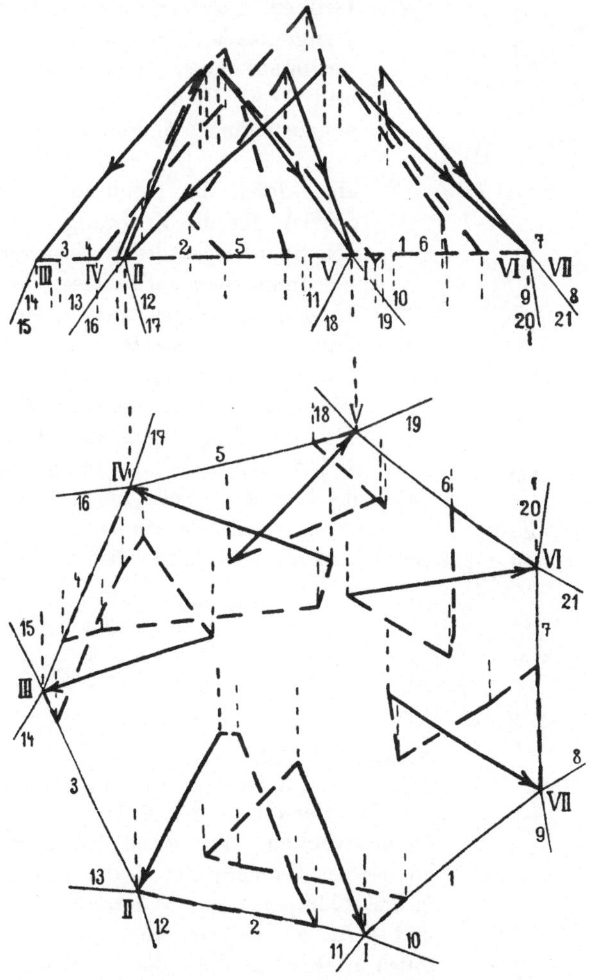

Abb. 33.   K. M. 1 mm = 40 kg.

42. Für $\varkappa$ läßt sich elementar-geometrisch die Formel aufstellen

$$\varkappa g = -h\sin\frac{\pi}{n}, \tag{16}$$

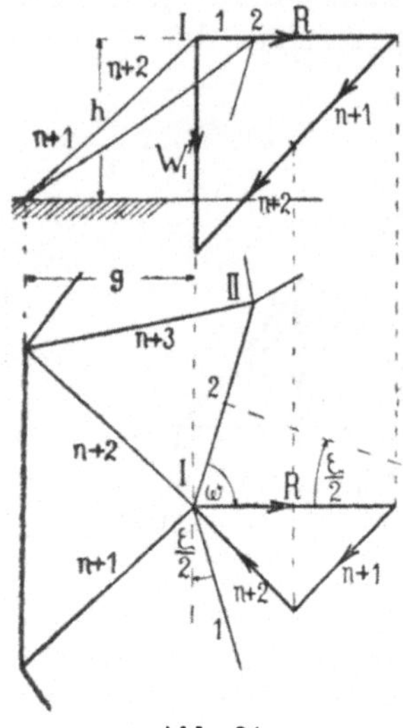

Abb. 34.

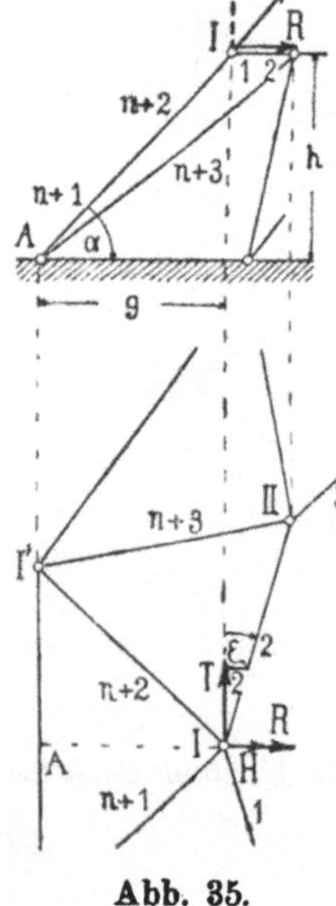

Abb. 35.

wenn n die Anzahl der Ringstäbe bedeutet, g, h die in Abb. 34 dargestellten Größen. Durch zwei am nämlichen Knoten i angreifende Füllungsstäbe ist ein Dreieck bestimmt, dessen Höhe g als Horizontal- und h als Vertikalprojektion hat. $\varkappa$ ist gegeben durch die Formel (13)

$$W'_I = \varkappa_I S_1,$$

also durch die Kontrolle beim Kräftedreieck für die Zerlegung von S_1 nach den Spannungen der Füllungsstäbe. Statt S_1 unmittelbar nach diesen beiden Spannungen zu zerlegen, wird man besser die Tangentialkomponente T und die Radialkomponente R von S_1 darnach zerlegen. Die erste T gibt naturgemäß, da sie ja mit den Spannungen der Füllungsstäbe $n + 1$ und $n + 2$ in der gleichen Ebene liegt, die Korrektur Null, die zweite,

$$R = S_1 \sin \tfrac{1}{2}\zeta,$$

mit $\zeta = 2\,\pi : n$ (Abb. 34), liefert die Korrektur

$$W'_I = - R\,\frac{h}{g}$$
$$= - S_1 \frac{h}{g} \sin \frac{\zeta}{2}$$
$$= \varkappa\, S_1,$$

woraus mit (13)

$$\varkappa\, g = - h \sin \tfrac{1}{2}\zeta. \tag{16}$$

In derselben Weise läßt sich W_i nach P_i ausdrücken. Zu diesem Zweck zerlegt man an jedem Knotenpunkt i die äußere Kraft P in drei Komponenten: Z lotrecht, T tangential und R radial, so wie Abb. 35 angibt. Dabei sollen positiv zählen: die Z, wenn sie nach aufwärts gehen, die T, wenn sie die Kuppel rechtsum zu drehen suchen, die R, wenn sie nach innen gehen. Die den Z, T, R entprechenden Komponenten von W seien W_z, W_t, W_r, so daß

$$W = W_z + W_t + W_r.$$

Dann ist — man vergleiche die Ableitung der Formel (16) —

$$W_z = Z, \quad W_t = 0, \quad W_r = -R\frac{h}{g}, \tag{17}$$

wo g und h die durch Abb. 35 bestimmte Bedeutung wieder wie früher haben, also

$$W = -R\frac{h}{g} + Z. \tag{18}$$

Damit und nach Substitution der Formel (16) gehen die Gleichungen (15) über in

$$2h \, \sin\frac{\pi}{n} \cdot S_1 = -h \, (R_1 - R_2 + R_3 - + \ldots + R_n)$$
$$+ g \, (Z_1 - Z_2 + Z_3 - + \ldots + Z_n),$$
$$2h \, \sin\frac{\pi}{n} \cdot S_2 = -h \, (R_2 - R_3 + R_4 - + \ldots + R_1)$$
$$+ g \, (Z_2 - Z_3 + Z_4 - + \ldots + Z_1),$$
$$\overline{} \tag{19}$$

Oder wenn zur Abkürzung

$$A_i = R_i - R_{i+1} + R_{i+2} - + \ldots + R_{i-1},$$
$$B_i = Z_i - Z_{i+1} + Z_{i+2} - + \ldots + Z_{i-1} \tag{20}$$

gesetzt wird,

$$2h \, \sin\frac{\pi}{n} \cdot S_i = -h A_i + g B_i. \tag{21}$$

43. Als Zahlenbeispiel sei wieder der durch Abb. 32 gegebene Belastungsfall gewählt. Es ist

$$g = 3{,}2 \, m, \quad h = 7 \, m, \quad n = 7;$$
$$\pi/n = 25^0 \, 43', \quad \sin \pi/n = 0{,}434.$$

Die Belastung ist gegeben durch

$$Z_1 = Z_2 = \ldots = Z_7 = -1;$$
$$R_1 = -0{,}980, \quad R_2 = -0{,}935, \quad R_3 = -0{,}935, \quad R_4 = -0{,}955,$$
$$R_5 = -0{,}795, \quad R_6 = -0{,}985, \quad R_7 = -0{,}880.$$

Die Lasteinheit ist $1 \, t = 1000 \, kg$; die Z sind negativ, da sie nach unten, die R negativ, weil sie nach außen gehen.

Damit wird

$$A_1 = -0{,}715, \quad A_2 = -1{,}245, \quad A_3 = -0{,}625, \quad A_4 = -1{,}245,$$
$$A_5 = -0{,}665, \quad A_6 = -0{,}925, \quad A_7 = -1{,}045.$$

Gleichung (21) geht mit vorstehenden Werten über in

$$S_i = -1{,}152 A_i - 0{,}526$$

und liefert

$$S_1 = 0{,}30, \quad S_2 = 0{,}91, \quad S_3 = 0{,}19, \quad S_4 = 0{,}91, \quad S_5 = 0{,}24,$$
$$S_6 = 0{,}54, \quad S_7 = 0{,}68.$$

44. Die analytischen Formeln (13), (14), (20) und (21) geben noch zu mancherlei Überlegungen Anlaß. Schreibt man z. B. die Formeln (13) mit Benützung von (14) in der nachfolgenden Weise untereinander,

$$+ W_1 + \varkappa\,(S_1 + S_2) = 0,$$
$$- W_2 - \varkappa\,(S_2 + S_3) = 0,$$
$$+ W_3 + \varkappa\,(S_3 + S_4) = 0,$$
$$- - - - - - -,$$

und addiert sie, so erhält man für eine gerade Anzahl von Ringstäben

$$W_1 - W_2 + W_3 - W_4 + - \ldots\ldots - W_n = 0,$$

was bei allgemeiner Annahme der äußeren Kräfte falsch sein muß. Man hat also den **Ausnahmefall**: Die Stabspannungen einer symmetrischen Netzwerkkuppel mit gerader Zahl der Ringstäbe sind bei allgemeiner Belastung unendlich groß.

Aus der Formel (20) mit (21) schließt man ferner: B_i und damit S_i erreichen einen maximalen Wert, wenn man immer nur jeden zweiten Knotenpunkt des nämlichen Stockwerkes belastet.

Dieselbe Formel (21) sagt auch noch aus: bei großer Zahl n der Stäbe kann man genau genug π/n statt $\sin \pi/n$ setzen; damit geht dann diese Formel über in

$$2\,h\,\pi \cdot S_i = n\,(- h\,A_i + g\,B_i). \tag{22}$$

Da nun der Klammerausdruck oder wenigstens B_i konstant erhalten werden kann, so wächst die Spannung der Ringstäbe mit der Zahl derselben.

§ 12.

Die Netzwerkkuppel.
Berechnung nach der Methode der homogenen Deformation und der Zentralprojektion.

45. In den vorausgehenden Nummern wurde gezeigt, wie sowohl bei symmetrischer als auch bei unsymmetrischer Gestaltung einer Netzwerkkuppel das Korrekturprinzip mit einfachen Mitteln — ebene Kräftezerlegung und einfache übersichtliche Rechnung — die Spannungen ermitteln läßt. Mit größerem Vorteil wird man aber bei symmetrischer Gestalt der Kuppel die Methode der homogenen Deformation anwenden. Um dies ersichtlich zu machen, sei zunächst die Berechnung durchgeführt für das durch Abb. 36 angedeutete Stockwerk einer Netzwerkkuppel, bei der die Füllungsstäbe alle in lotrechten Ebenen liegen. Am Knoten i ist die Kraft P zerlegt in drei Komponenten, Z lotrecht, T tangential und R radial. Das Vorzeichen dieser Komponenten ist wie in **42** festgesetzt.

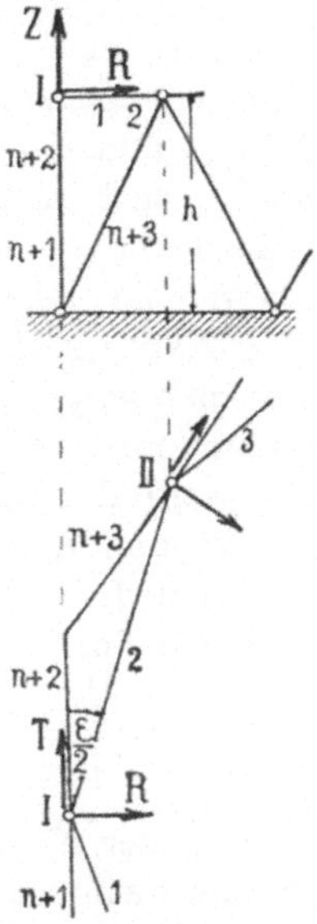

Am Knoten I gibt die Translation in radialer Richtung

$$R_1 + (S_1 + S_2) \sin \tfrac{1}{2}\zeta = 0, \qquad (23)$$

wo $\zeta = 2\pi : n$. Entsprechend kann man für die folgenden Knotenpunkte anschreiben

$$R_2 + (S_2 + S_3) \sin \tfrac{1}{2}\zeta = 0,$$
$$R_3 + (S_3 + S_4) \sin \tfrac{1}{2}\zeta = 0,$$
$$- \; - \; - \; - \; - \; - \; - \; -.$$

Aus diesen Gleichungen folgt dann unmittelbar, vorausgesetzt natürlich, daß n eine ungerade Zahl,

$$2 \sin \tfrac{1}{2}\zeta \cdot S_1 = -(R_1 - R_2 + R_3 - + \ldots + R_n),$$
$$2 \sin \tfrac{1}{2}\zeta \cdot S_2 = -(R_2 - R_3 + R_4 - + \ldots + R_1),$$
$$- \; - \; - \; - \; - \; - \; - \; - \; - \; - \; -.$$

Oder wenn man wie früher (20)

$$A_i = R_i - R_{i+1} + R_{i+2} - + \ldots + R_{i-1}$$

setzt,

$$2 \sin \frac{\pi}{n} \cdot S_i = -A_i. \qquad (24)$$

Man wird praktisch zunächst irgend eine der Ringstabspannungen S_i nach (24) ermitteln, die übrigen alsdann einfacher nach Formel (23).

Sind die Ringstabspannungen gefunden, so hat man an jedem Knotenpunkt nur mehr die unbekannten Spannungen der Füllungsstäbe zu ermitteln, eine Aufgabe, welche nunmehr nicht weiter interessiert.

46. Nun läßt sich jede symmetrische Netzwerkkuppel durch homogene Deformation so umformen, daß das untersuchte Stockwerk die Form des eben behandelten erhält. Geht man z. B. aus von

Abb. 36.

der Kuppel der Abb. 35, so wird man die untere Ebene mit den Knotenpunkten I', II', . . . unverändert lassen, die obere Ebene mit den Knotenpunkten I, II, ... homogen so deformieren, daß der Mittelpunkt des Ringes in Ruhe bleibt, die Punkte I, II, . . . aber radial nach außen gehen, bis sie senkrecht über den Mitten von n'I', I'II', ... liegen, die Füllungsstäbe also in lotrechten Ebenen. Dann geht die Kuppel in diejenige der Abb. 36 über.

Naturgemäß werden dadurch auch die äußeren Kräfte P und die Spannungen deformiert. Man hat vor der Deformation an jedem Knotenpunkt i die Kraft P zerlegt in drei Komponenten: H' in Richtung der Dreieckshöhe Ai (in Abb. 35 die Höhe AI), T' tangential und R' radial. Dabei ist positiv zu zählen: H' nach oben, T' rechtsdrehend, R' nach innen. Durch die Deformation geht nach (8) über

$$R' \text{ in } R'' = \varepsilon R',$$
$$T' \text{ in } T'' = \varepsilon T', \qquad (25)$$
$$H' \text{ in } Z'' = H' \sin \chi,$$

wenn χ der Neigungswinkel (α statt χ in Abb. 35) der Dreieckshöhe Ai und damit auch derjenige von H' gegen die Horizontale ist. Diese letzte Komponente H' wird also wie die Dreieckshöhe Ai deformiert, so daß sie nach der Deformation ebenfalls senkrecht zum Grundriß steht. Desgleichen gehen die Ringspannungen S über in

$$S'' = \varepsilon S. \qquad (25)$$

Für das deformierte Gebilde gelten nun die Gleichungen (23) und (24). Man hat damit

$$2 \sin \frac{\pi}{n} . S''_i = - A''_i,$$

wo

$$A''_i = R''_i - R''_{i+1} + - \ldots + R''_{i-1}.$$

Mit Berücksichtigung von (25) wird daraus nach der Reformation zur ursprünglichen Kuppel

$$2 \sin \frac{\pi}{n} . S_i = - A'_i, \qquad (26)$$

wo

$$A'_i = R'_i - R'_{i+1} + - \ldots + R'_{i-1}. \qquad (27)$$

Das ist dann dieselbe Gleichung wie für den Fall, daß die Füllungsstäbe in lotrechten Ebenen liegen. Ein Resultat, welches derjenige im voraus hätte anschreiben können, der mit der Theorie linearer Transformationen etwas vertraut ist.

47. Nun wird man aber praktisch am Knoten i die Kraft P eher nach Komponenten Z lotrecht, R radial, T tangential zerlegen. Zwischen den beiden Komponentengruppen H', R', T' und Z, R, T besteht dann die an Hand der Abb. 35 leicht ersichtliche Beziehung

$$T = T',$$
$$Z = H'\sin\chi,$$
$$R = R' + H'\cos\chi \tag{28}$$
$$= R' + Z\frac{g}{h}.$$

χ ist der Neigungswinkel der Dreieckshöhe Ai gegen die Horizontalebene und damit $\operatorname{cotg}\chi = g : h$. Hier interessiert besonders

$$R' = R - Z\frac{g}{h}, \tag{29}$$

mit welchem Wert die Formel (27) übergeht in

$$A'i = (Ri - Ri+1 + - \ldots + Ri-1)$$
$$- \frac{g}{h}(Zi - Zi+1 + - \ldots + Zi-1),$$

oder mit Benützung von (20)

$$A'i = Ai - \frac{g}{h}Bi. \tag{30}$$

Man erhält so wieder die bekannte Formel (21) für die Ringstabspannungen

$$2h\sin\frac{\pi}{n} . Si = - hAi + gBi.$$

Im Prinzip ist damit die Aufgabe gelöst, die Ermittlung der Spannungen der Füllungsstäbe ist von untergeordneter Bedeutung.

48. Dieselbe Formelentwicklung erhält man ausgehend von der **Methode der Zentralprojektion**, die gegenüber der vorhergehenden Betrachtung den Vorzug unmittelbarer größerer Anschaulichkeit gewährt. Bei unsymmetrischen Kuppeln kommt ihr gegenüber die Methode der homogenen Deformation nicht in Betracht.

Falls die Kuppel symmetrisch ist, zerlegt man wieder am Knoten i die äußere Kraft P in Komponenten H', T', R' wie in **42** und projiziert von irgend einem Punkt der Höhe Ai, in Abb. 35 der Höhe AI, alle am Knoten I angreifenden Kräfte auf die Ebene des obern Ringes. Dabei verschwindet H', die Komponenten T' und R' bleiben in wahrer Größe erhalten, ebenso die Spannungen S_1 und S_2 der Ringstäbe; die Projektionen von D_1 und D_2, d. s.

die Spannungen der Diagonalstäbe $n + 1$ und $n + 2$, erhalten die Richtung der Komponente T'. Das projizierte System aller dieser Kräfte ist dann dasjenige der Abb. 36 am Knoten I im Grundriß. Der Wert der Diagonalstabspannungen bezw. ihrer Projektionen ist einstweilen belanglos, da sie in die Gleichung, welche die Ringstabspannungen ermitteln soll, gar nicht eintreten. Diese Gleichung, die Gleichgewichtsbedingung gegen Translation in radialer Richtung, lautet

$$R'_1 + (S_1 + S_2) \cdot \sin {}^1/_2 \zeta = 0.$$

Das ist dieselbe Gleichung wie (23). Aus ihr folgt auf dem nämlichen Weg wie in **45** bezw. **47**

$$2 \sin {}^1/_2 \zeta \cdot S_i = - A'_i,$$

oder wenn man P nach Komponenten Z, T, R zerlegt,

$$2 h \sin {}^1/_2 \zeta \cdot S_i = - h A_i + g B_i.$$

<h2 style="text-align:center">§ 13.</h2>

<h3 style="text-align:center">Die Netzwerkkuppel.
Berechnung nach der Komponentenmethode.</h3>

49. Recht einfach läßt sich die Netzwerkkuppel nach **14** berechnen. Durch die am Knoten i angreifenden Füllungsstäbe ist eine für diesen Knoten charakteristische Ebene ε bestimmt, in Abb. 37 z. B. durch die Stäbe 6 und 7 am Knoten I die Ebene ε_1. Zerlegt man nämlich am Knoten i die dort angreifende Kraft P in zwei Komponenten, H in der Horizontalebene, E in der Ebene ε, so gilt: Die Komponente E wird unmittelbar von den Füllungsstäben aufgenommen, leistet also zu den Ringstabspannungen keinen Beitrag; die Komponente H wird aufgenommen von den Ringstäben und Füllungsstäben, aber derart, daß die Resultierende der letzteren ebenfalls in der Horizontalebene liegen muß. Bezeichnet man diese Resultierende, die im Schnitt von ε mit der Horizontalebene liegt, mit T, so hat man am Knoten i die Komponente H_i zu zerlegen nach den beiden Ringstabspannungen S_i und S_{i+1}, sowie nach T_i.

Dadurch reduziert sich das Problem auf die folgende ebene m Grundriß gegebene Aufgabe: Vorgelegt ist ein ebener Fachwerkträger mit n Knotenpunkten, n Stäben, n Führungen, siehe Abb. 38; an jedem Knotenpunkt i greift eine gegebene Kraft H_i an; gesucht sind die n Stabspannungen S_i und die n Auflagerkräfte T_i. Die Aufgabe ist im allgemeinen statisch bestimmt und unschwer zu lösen.

Hat man die Ringstabspannungen S_i gefunden, so kann man zum Aufriß übergehen und dort an jedem Knoten die weitere ebene Aufgabe lösen, zu der gegebenen Kraft P und den mittlerweile ge-

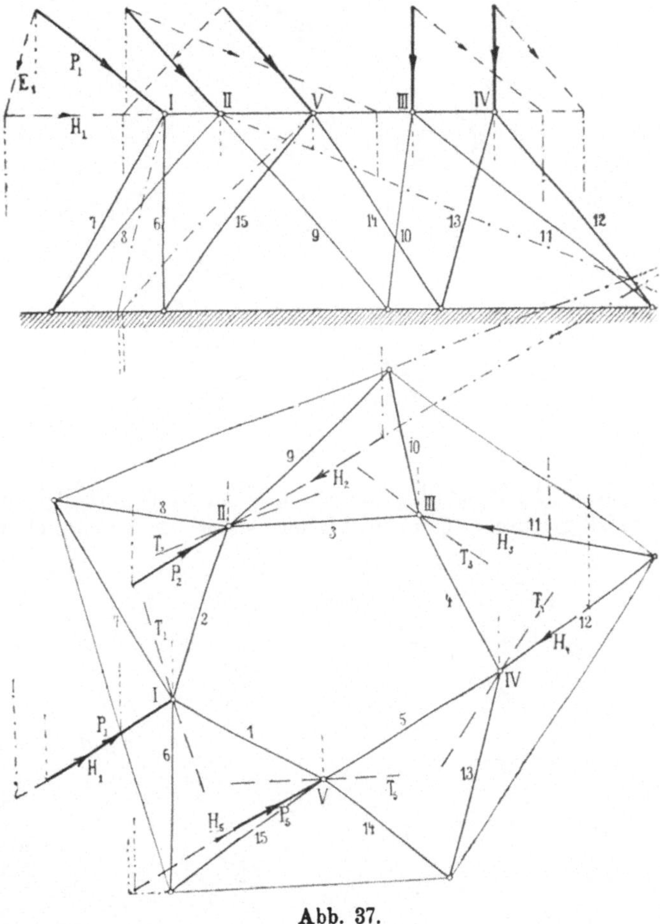

Abb. 37.

fundenen Spannungen S_i und S_{i+1} noch die unbekannten Spannungen D_i und D_{i+1}, das sind diejenigen der Diagonalstäbe $n+i$ und $n+i+1$, aufzufinden.

4*

Die Zerlegung von P nach H und E wird am besten folgendermaßen geschehen. Man legt durch P eine lotrechte Ebene λ, dann liegt H im Schnitt derselben mit der Horizontalebene, E im Schnitt

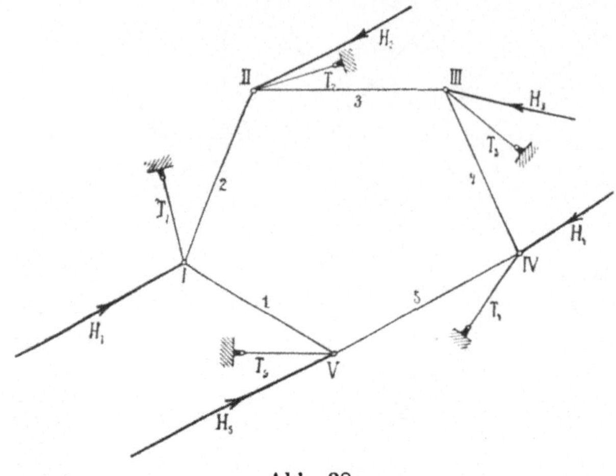

Abb. 38.

von λ mit ε. Ist P zufällig horizontal, dann ist H mit P identisch; ist P zufällig lotrecht, dann wählt man unter den unendlich vielen

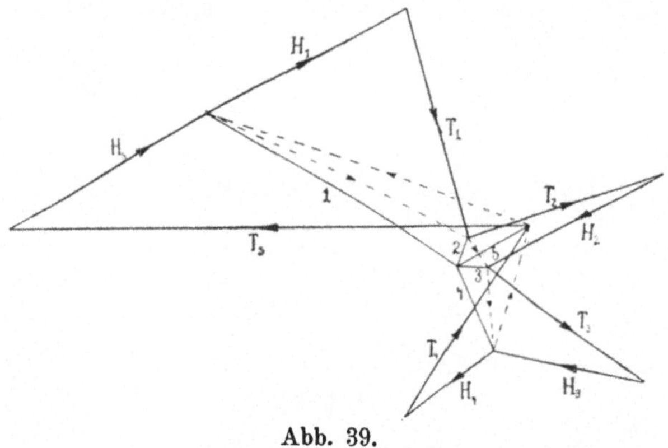

Abb. 39.

lotrechten Ebenen, die jetzt durch P möglich sind, etwa diejenige durch einen Füllungsstab aus, dann liegt E in diesem Stab, wird also unmittelbar von ihm aufgenommen.

50. Die Abbildungen 37 mit 40 geben die graphische Lösung
für einen speziellen Fall. Die gegebenen bezw. gefundenen Kräfte
sind stark ausgezogen. In Abb. 37 ist an jedem Knoten P zerlegt

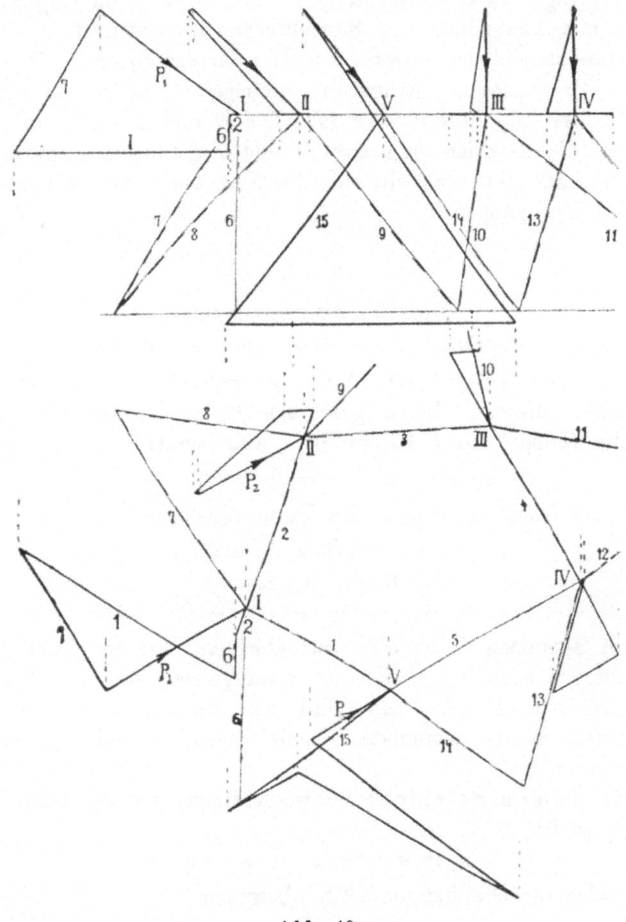

Abb. 40.

in H und E (strichpunktierte Konstruktionslinien). Am Knoten III,
wo P_3 lotrecht gedacht ist, hat man durch P_3 und Stab 11 eine
lotrechte Ebene gelegt und in dieser die Zerlegung nach H und E
vorgenommen; entsprechend am Knoten IV.

Abb. 38 gibt das eben beanspruchte System der H, T und S wieder. Die H sind so eingetragen, wie sie die Konstruktion der Abb. 37 ermitteln ließ, die T als Auflagerkräfte eingeführt. Der Fachwerkträger dieser Abbildung ist nichteinfach, die Spannungen wurden mit Anwendung des Korrekturprinzips ermittelt.

Abb. 39 gibt den Cremonaplan für das System (H), (S, T), d. i. die Ermittlung der Ringstabspannungen S und der Resultierenden T unter dem Einfluß der H. Die H und T sind mit Pfeilen versehen, die Resultierenden aus H und T getrichelt eingetragen.

Abb. 40 gibt noch einmal die Netzwerkkuppel mit allen gefundenen Spannungen.

§ 14.

Die Schwedlerkuppel.
Berechnung nach dem Korrekturprinzip.

51. Für eine Schwedlerkuppel gestaltet sich die Berechnung bedeutend einfacher. Im allgemeinen Fall, also für eine unsymmetrische Kuppel mit n Ringstäben, wird bereits

$$\lambda_I = \lambda_{II} = \ldots = \lambda_n = 0, \tag{31}$$

so daß die Gleichungen (13) die Form annehmen

$$\begin{aligned} W_I + \varkappa_I\, S_1 &= 0, \\ W_{II} + \varkappa_{II}\, S_2 &= 0, \\ \overline{} \end{aligned} \tag{32}$$

Die Spannung S_i ist also nur abhängig von der Last P_i, die am Knoten i angreift. Dabei ist vorausgesetzt, daß am Knoten i der angreifende Diagonalstab und der Ringstab $i-1$ mit dem Sparrenstab in der nämlichen Ebene liegen; weshalb ja auch λ_i verschwindet.

Für die symmetrische Schwedlerkuppel werden auch die $\varkappa_i$ einander gleich,

$$\varkappa_I = \varkappa_{II} = \ldots = \varkappa_n = \varkappa, \tag{33}$$

so daß also die Gleichungen (32) übergehen in

$$\begin{aligned} W_I + \varkappa\, S_1 &= 0, \\ W_{II} + \varkappa\, S_2 &= 0, \\ \overline{} \end{aligned} \tag{34}$$

Damit hat man eine äußerst einfache Regel für die Bestimmung der Spannungen der Ringstäbe.

52. Für $\varkappa$ und W läßt sich wieder geometrisch eine Formel aufstellen. Wie bei der Netzwerkkuppel, so findet man $\varkappa$ auch hier durch die Kontrolle beim Kräftedreieck für die Zerlegung von S_1 nach den Spannungen des Diagonal- bezw. Sparrenstabes. Die Skizze der Abb. 41 gibt die Entstehung von W'_I wieder, wo S_1 im Grundriß nach S_{n+1} und S_{2n+1} zerlegt und im Aufriß die Korrektur

$$W'_I = \varkappa S_1$$

gewonnen wird. Zerlegt man S_1 zuvor in zwei Komponenten tangential bezw. normal zur Richtung des andern am gleichen Knotenpunkt angreifenden Ringstabes, so wird die erste Komponente die Korrektur Null geben, da sie ja mit der Diagonal- und Sparrenstabspannung in der gleichen Ebene liegt, die zweite,

$$R = S_1 \cos \omega = S_1 \sin \zeta,$$

mit $\zeta = 2\pi : n$ (Abb. 41) die Korrektur

$$W'_I = -R\,\frac{h}{g}$$

$$= -S_1\,\frac{h}{g}\,\sin \zeta$$

$$= \varkappa S_1,$$

woraus

$$g\varkappa = -h \sin \zeta \qquad (35)$$

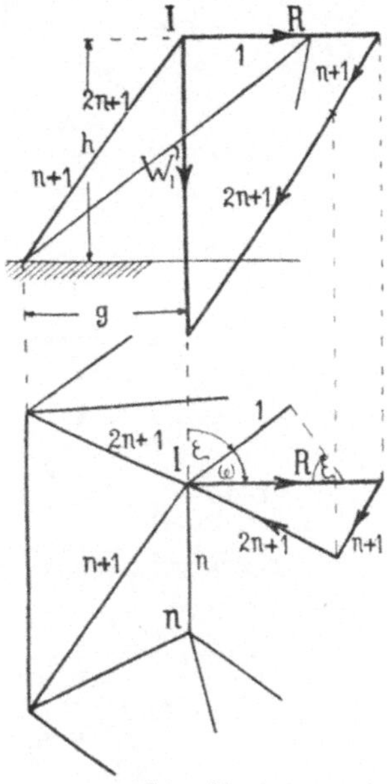

entsprechend wie bei der Netzwerkkuppel gewonnen wird. Dabei ist g die Horizontal-, h die Vertikalprojektion der Höhe des Trapezfaches, n die Anzahl der Ringstäbe.

W wird wie bei der Netzwerkkuppel nach den Komponenten von P ausgedrückt. Diese Komponenten sind: Z lotrecht, T in Richtung des Stabes $i-1$, kurz Tangentialkomponente genannt, und R senkrecht zum Ringstab $i-1$ und horizontal, kurz Radialkomponente genannt. Der Richtungssinn ist wie in **42** festgesetzt. Diesen Komponenten Z, T, R entsprechen die Komponenten W_z, W_t und W_r von W, so daß

Abb. 41.

$$W = W_z + W_t + W_r.$$

Nun läßt sich an Hand der Abb. 42 analog der Formel (35) beweisen,

$$W_z = Z, \ W_t = 0, \ W_r = - R \frac{h}{g}, \tag{36}$$

so daß

$$W = - R \frac{h}{g} + Z. \tag{37}$$

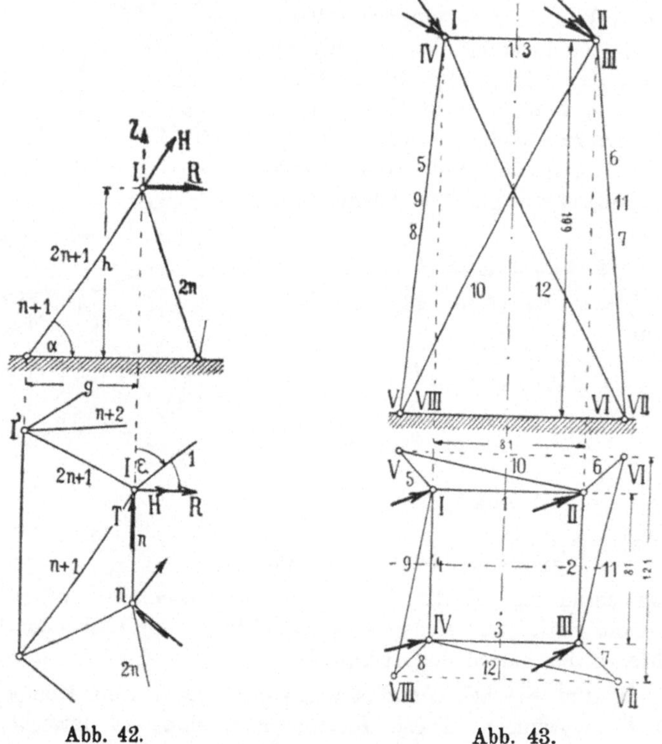

Abb. 42.   Abb. 43.

Die Vereinigung der Formeln (34) und (35) gibt im Verein mit (37) eine einfache Regel für S_i, nämlich

$$h \sin \frac{2\pi}{n} \cdot S_i = - h R_i + g Z_i, \tag{38}$$

also die entsprechende Formel zu derjenigen (21) für die Netzwerk-kuppel.

53. Die in Abb. 43 wiedergegebene Schwedlerkuppel ist „Mehrtens, Statik der Baukonstruktionen, Engelmann 1903" entnommen, um einen Vergleich der Lösungen zu bieten. Nach den dortigen Angaben

$$n = 4, \ g = 2, \ h = 19,9$$

wird

$$\sin \zeta = \sin \pi/2 = 1,$$
$$g : h = 0,1005$$

und damit

$$S_i = - R_i + 0,1005 \ Z_i.$$

Nach Angabe ist weiterhin

$$R_1 = W_1, \ R_2 = 0, \ R_3 = 0, \ R_4 = U_4,$$
$$Z_i = - V_i,$$

woraus

$$S_1 = - W_1 - 0,1005 \ V_1,$$
$$S_2 = \qquad\quad - 0,1005 \ V_2,$$
$$S_3 = \qquad\quad - 0,1005 \ V_3,$$
$$S_4 = - U_4 - 0,1005 \ V_4.$$

Die Fortsetzung der Berechnung dieser Kuppel folgt in **58.**

§ 15.

Die Schwedlerkuppel.
Berechnung nach der Methode der homogenen Deformation und der Zentralprojektion.

54. Ist die Schwedlerkuppel symmetrisch, so kann sie einfacher als mit dem Korrekturprinzip und ohne weitere Voraussetzungen nach der Methode der homogenen Deformation behandelt werden.

Für die Entwicklung des Gedankenganges sei wieder ein Kuppel-stockwerk betrachtet, dessen Grat- und Diagonalstäbe paarweise in lotrechten Ebenen liegen, siehe Abb. 44. Die Kraft P am Knoten i ist wieder wie in **52** zerlegt in Komponenten Z lotrecht, T in Richtung des Ringstabes $i-1$ und R senkrecht dazu; der Richtungssinn ist festgesetzt wie in **42**. Die Translationsgleichung in Richtung von R liefert

$$\sin \zeta \cdot S_i = - R_i, \qquad\qquad (39)$$

wodurch sofort die Spannungen aller Ringstäbe bestimmt sind. Man hat dann an jedem Knotenpunkt nur mehr die zwei unbekannten Spannungen des Sparren- und Diagonalstabes aufzusuchen, eine Aufgabe, welche einer weitern Erklärung nicht mehr bedarf, übrigens an andrer Stelle (§ 16) noch gelöst wird.

55. Durch homogene Deformation kann man aber jede beliebige symmetrische Schwedlerkuppel so umformen, daß das jeweils untersuchte Stockwerk die Gestalt des eben besprochenen erhält. Geht man von der Kuppel der Abb. 42 aus, so wird man wieder entsprechend wie bei der Netzwerkkuppel die untere Ebene des Stockwerkes mit den Knotenpunkten I', II', ... unverändert lassen, die obere Ebene aber homogen so ausdehnen, daß der Ringmittelpunkt O seine Lage beibehält, während die Punkte I, II, ... radial wandern, bis sie senkrecht über den entsprechenden Punkten I', II', ... liegen, im Grundriß also mit ihnen zusammenfallen. Die Kuppel geht dann in diejenige der Abb. 44 über.

Hat man am Knoten i die Kraft P zerlegt in drei Komponenten: H' in Richtung der Fachwandhöhe, T' in Richtung des Ringstabes $i-1$, R' senkrecht dazu und horizontal, siehe Abb. 42, so führt der gleiche Gedankengang wie in **46** zur Formel

$$\sin \zeta \cdot S_i = - R'_i. \qquad (40)$$

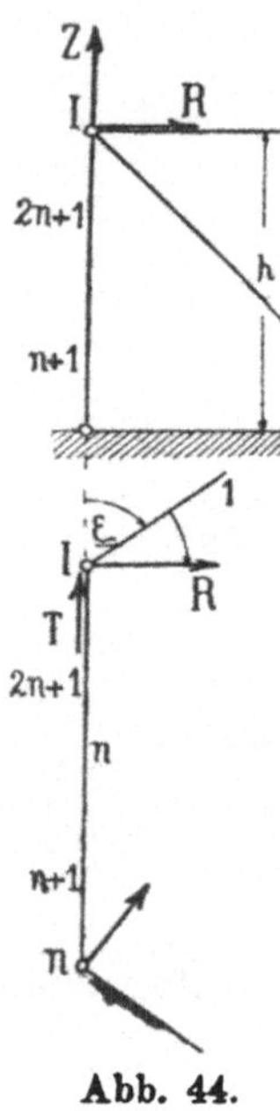

Abb. 44.

Daraus wird, wenn man P nach Komponenten Z, T, R wie in **52** zerlegt, wegen des Zusammenhanges

$$R' = R - Z\frac{g}{h}$$

— siehe die Entwicklung von (28) — wieder die Formel (38)

$$h \sin \zeta \cdot S_i = - h R_i + g Z_i$$

für die Ringstabspannungen.

56. Was in **48** über die Berechnung der Netzwerkkuppel gesagt wurde, gilt auch hier: Erheblich einfacher, auch bei unsymmetrischer Gestaltung der Schwedlerkuppel mit Vorteil anwendbar, ist die Methode der **zentralen Projektion**.

Man zerlegt wieder, siehe Abb. 42, am Knoten i die Kraft P in drei Komponenten: Z lotrecht, T in Richtung des Ringstabes $i-1$, R senkrecht dazu, und setzt den Richtungssinn wie in **42** fest.

Die Spannung D_i des Diagonalstabes $n + i$ zerlegt man in eine Komponente längs der Fachwandhöhe und in eine solche längs des Ringstabes $i - 1$. Projiziert man von einem beliebigen Punkt der im Knoten i konstruierten Fachwandhöhe oder ihrer Verlängerung das an diesem Knoten i angreifende System gegebener und gesuchter Kräfte bezw. Komponenten auf die Ebene des oberen Ringes, so bleiben R, T, S_{i-1}, S_i in wahrer Größe erhalten, die Kraft Z liefert den Beitrag $- Z \frac{g}{h}$, die erste Komponente der Diagonalstabspannung, diejenige in Richtung der Fachwandhöhe, verschwindet, die zweite bleibt erhalten.

Dann liefert die Translationsgleichung in Richtung von R_i

$$R_i - Z_i \frac{g}{h} + S_i . \sin \zeta = 0,$$

d. i. die bereits bekannte Formel (38).

<h2 style="text-align:center">§ 16.</h2>

<h2 style="text-align:center">Die Schwedlerkuppel.
Berechnung nach der Komponentenmethode.</h2>

57. Sehr einfach gestaltet sich die analytische oder graphische Berechnung einer Schwedlerkuppel, einer symmetrischen sowohl wie einer unsymmetrischen, nach der Komponentenmethode der Nummer 14.

Die analytische Berechnung zerlegt an jedem Knotenpunkt i die angreifende äußere Kraft P_i in drei Komponenten, H'_i in Richtung des Gratstabes, T'_i in Richtung des Ringstabes $i - 1$, N'_i in Richtung des Ringstabes i, siehe Abb. 45. Die H' sind nach oben positiv anzusetzen, die T' und N', wenn sie die Kuppel rechtsum zu drehen suchen. Dann läßt sich schliessen:

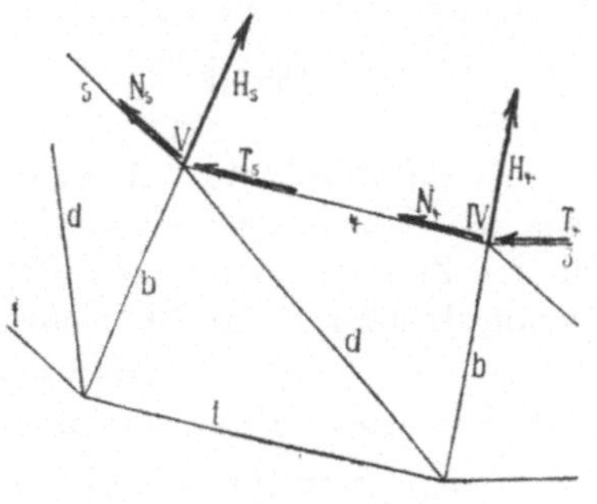

Abb. 45.

H'_i wird unmittelbar vom Gratstab aufgenommen und zum untern Stockwerk übertragen, T'_i gemeinsam vom Diagonalstab $n + i$ und vom Gratstab $n + i + 1$ aufgenommen und nach abwärts geleitet;

N'_i wird zunächst vom Ringstab i aufgenommen und zum Knoten $i+1$ geleitet und dort wieder gemeinsam vom Diagonal- und Gratstab aufgenommen.

Insgesamt nehmen also **an der Aufnahme von P_i** Anteil

$$S_i,\ D_i,\ G_i,\ D_{i+1},\ G_{i+1},$$

d. s. die Spannungen der Stäbe $i,\ n+i,\ n+i+1,\ n+i+2,\ n+i+3$. Der Ringstab i nimmt nur die Komponente N'_i auf, also ist

$$S_i = -N'_i. \tag{41}$$

Der Diagonalstab und der Gratstab bei i nehmen gemeinsam auf die Komponente T'_i von P_i und die Komponente N'_{i-1} von

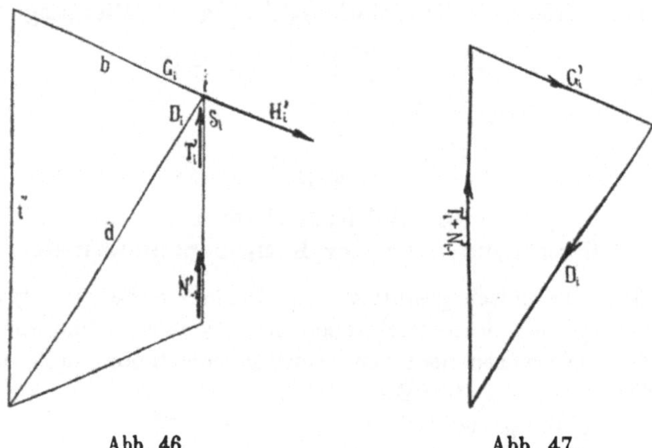

Abb. 46.   Abb. 47.

P_{i-1}, siehe Abb. 46. Außerdem nimmt der Gratstab bei i auch noch die Komponente H'_i auf. Abb. 47 gibt das Kräftepolygon für die Zerlegung von $T'_i + N'_{i-1}$ nach den Spannungen G'_i und D_i am Knoten i. Es ist, wenn man

$$G_i = H'_i + G'_i$$

setzt, aus Abb. 46 und 47 zu sehen, daß

$$-G'_i : D_i : (T'_i + N'_{i-1}) = b : d : t, \tag{42}$$

also

$$D_i = \frac{d}{t}(T'_i + N'_{i-1}), \tag{43}$$

$$G_i = -\frac{b}{t}(T'_i + N'_{i-1}) + H'_i. \tag{44}$$

Ist, wie es eher der Fall zu sein pflegt, P in Komponenten Z, T, N lotrecht und in Richtung der Ringstäbe $i-1$ bezw. i zerlegt, so hat man noch von der Komponentengruppe H', T', N' zur Gruppe Z, T, N zu transformieren. Zu diesem Zweck zerlegt man H' zunächst in zwei Komponenten lotrecht und radial; die erste ist

$$Z = H' \sin \chi,$$

wo χ der Neigungswinkel des Gratstabes b und damit von H' gegen die Horizontale ist, die zweite,

$$R' = H' \cos \chi = Z \frac{c}{h}, \tag{45}$$

mit c und h als Horizontal- bezw. Vertikalprojektion des Gratstabes b, zerlegt man wieder in zwei Komponenten längs der beiden Ringstäbe; diese sind gleich groß und zwar

$$\tfrac{1}{2} R' : \sin \tfrac{1}{2} \zeta$$

oder mit Berücksichtigung von (45)

$$Z \frac{c}{2\,h \sin \tfrac{1}{2}\zeta} = Z \frac{g}{h \sin \zeta}.$$

Damit wird, wenn man noch den festgesetzten Richtungssinn von T und N beachtet,

$$T' = T + Z \frac{g}{h \sin \zeta},$$

$$N' = N - Z \frac{g}{h \sin \zeta}, \tag{46}$$

$$H' = Z \frac{b}{h}.$$

Man kann diese Werte in Formel (41), (43), (44) einsetzen und damit unmittelbar die S, D, G nach den Z, T, N ausdrücken.

58. Die in **53** begonnene Berechnung der Stabspannungen der Kuppel der Abb. 43 werde nach der letzten Methode weitergeführt. Nach Angabe ist

$$
\begin{aligned}
Z_1 &= -V_1, & T_1 &= 0, & N_1 &= W'_1, \\
Z_2 &= -V_2, & T_2 &= 0, & N_2 &= 0, \\
Z_3 &= -V_3, & T_3 &= 0, & N_3 &= 0, \\
Z_4 &= -V_4; & T_4 &= -W_4; & N_4 &= U_4.
\end{aligned}
$$

Mit

$$b = 20{,}1, \quad h = 19{,}9, \quad t = 12{,}1, \quad d = 22{,}4, \quad g = 2{,}0,$$

$$\zeta = \tfrac{1}{2}\pi, \quad \sin \zeta = 1,$$

oder

$$\frac{b}{h} = 1{,}010, \quad \frac{d}{t} = 1{,}851, \quad \frac{b}{t} = 1{,}661, \quad \frac{g}{h} = 0{,}1005$$

wird also

$$
\begin{aligned}
H'_1 &= -1{,}01\,V_1, & T'_1 &= -0{,}1005\,V_1; \\
H'_2 &= -1{,}01\,V_2, & T'_2 &= -0{,}1005\,V_2, \\
H'_3 &= -1{,}01\,V_3, & T'_3 &= -0{,}1005\,V_3, \\
H'_4 &= -1{,}01\,V_4; & T'_4 &= -W_4 - 0{,}1005\,V_4; \\
& & N'_1 &= W_1 + 0{,}1005\,V_1, \\
& & N'_2 &= + 0{,}1005\,V_2, \\
& & N'_3 &= + 0{,}1005\,V_3, \\
& & N'_4 &= U_4 + 0{,}1005\,V_4.
\end{aligned}
$$

Die Spannungen erhalten dann die Werte

$$
\begin{aligned}
S_1 &= -W_1 - 0{,}1005\,V_1, & D_1 &= +1{,}851\,U_4 + 0{,}186(V_4 - V_1), \\
S_2 &= -0{,}1005\,V_2, & D_2 &= +1{,}851\,W_1 + 0{,}186(V_1 - V_2), \\
S_3 &= -0{,}1005\,V_3, & D_3 &= \phantom{+1{,}851\,W_1} +0{,}186(V_2 - V_3), \\
S_4 &= -U_4 - 0{,}1005\,V_4; & D_4 &= -1{,}851\,W_4 + 0{,}186(V_3 - V_4); \\
& & G_1 &= -0{,}843\,V_1 - 0{,}167\,V_4 - 1{,}661\,U_4, \\
& & G_2 &= -0{,}843\,V_2 - 0{,}167\,V_1 - 1{,}661\,W_1, \\
& & G_3 &= -0{,}843\,V_3 - 0{,}167\,V_2, \\
& & G_4 &= -0{,}843\,V_4 - 0{,}167\,V_3 + 1{,}661\,W_4.
\end{aligned}
$$

59. Die graphische Berechnung symmetrischer oder unsymmetrischer Schwedlerkuppeln überlegt wie unter **49**: Am Knoten i ist durch den dort angreifenden Diagonal- und Gratstab eine Ebene ε_i bestimmt, die für diesen Knoten charakteristisch ist. Eine in dieser Ebene am Knoten i angreifende Kraft wird gemeinsam vom Diagonal- und Gratstab aufgenommen und zum untern Stockwerk geleitet. Liegt die am Knoten i angreifende Kraft aber in der Ringebene, so werden zwar im allgemeinen die beiden Ringstäbe, ferner der Grat- und Diagonalstab beansprucht, aber derart, daß die Resultierende T der letzteren in Richtung der Ringstabspannung S_i fällt, siehe Abb. 48.

Mit den vorausgehenden Bemerkungen ist nun der Weg gekennzeichnet, den die Komponentenmethode einschlägt. Sie zerlegt die am Knoten i angreifende Kraft P in zwei Komponenten H und E, H in der Horizontalebene, E in der Ebene ε. Letztere wird gemeinsam vom Grat- und Diagonalstab aufgenommen, kommt also für die Ermittlung der Ringstabspannungen — das ist die erste

Aufgabe — nicht in Betracht. Die Komponenten H aber werden zerlegt nach den Ringstabspannungen S und den Kräften T. Das System der H, S, T ist das Spannungssystem eines ebenen Fachwerkträgers, wobei die T die Rolle der Auflagerkräfte übernehmen.

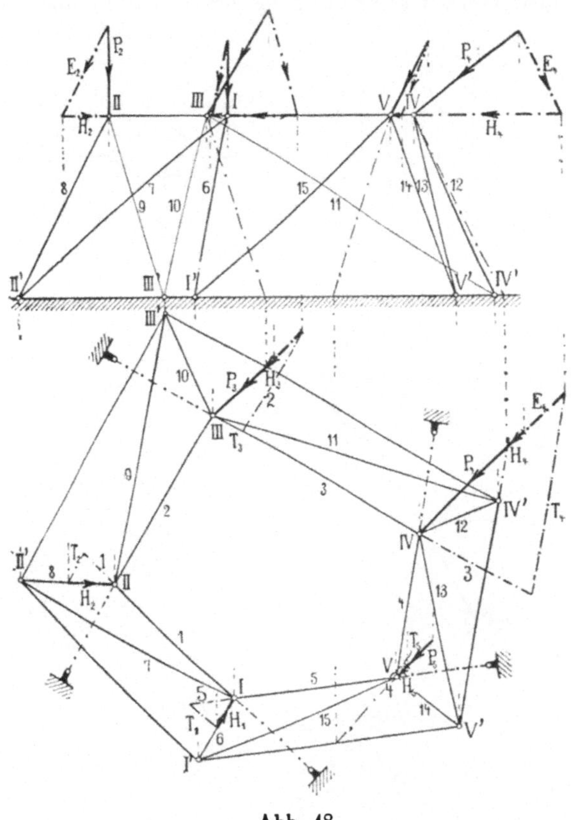

Abb. 48.

Abgesehen von Ausnahmefällen ist die geforderte Zerlegung der H nach S und T eine statisch bestimmte Aufgabe: Die Grundrißprojektion der Kuppelkonstruktion bezw. des untersuchten Stockwerkes bildet in diesem Fall einen statisch bestimmten ebenen Fachwerkträger, bestehend aus n Knoten, n Stäben, n Führungen; dadurch, daß jeweils eine Auflagerkraft T_i in die Richtung der Ringstabspannung S_i fällt, ist die verlangte Zerlegung von besonders einfacher Art.

Hat man die Ringstabspannungen S gefunden, so kann man wieder zu den ursprünglich gegebenen Kräften P zurückkehren und durch einfache ebene Kräftezerlegung im Grundriß oder im Aufriß

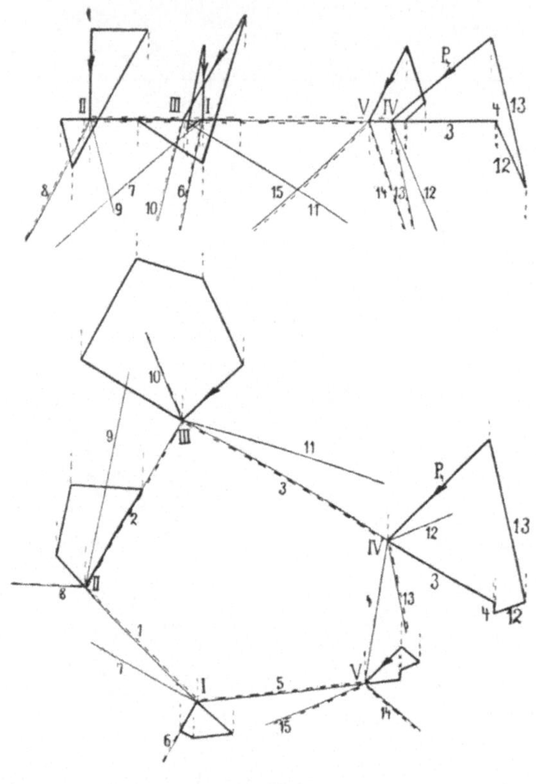

Abb. 49.

an jedem Knotenpunkt die noch fehlenden Spannungen D und G ermitteln.

Die Zerlegung von P nach H und E kann man etwa derart vornehmen, daß man durch P jedesmal eine lotrechte Ebene λ legt; dann liegt H im Schnitt dieser Ebene mit der Horizontalebene, E im Schnitt mit der Ebene ε. Ist P zufällig horizontal, dann ist

H identisch mit P; ist P zufällig lotrecht, dann wählt man von den unendlich vielen lotrechten Ebenen durch P etwa diejenige aus, die durch den Gratstab hindurch geht. Die Komponente E liegt dann in diesem Stab, wird also unmittelbar von ihm aufgenommen.

60. Abb. 48 und 49 geben diese graphische Lösung für eine spezielle unsymmetrische Schwedlerkuppel. In Abb. 48 ist an jedem Knotenpunkt die gegebene Kraft P (in der Zeichnung stark ausgezogen) zerlegt in die beiden Komponenten H und E (in der Zeichnung strichpunktierte Linien). Am Knoten I und II, wo P jedesmal lotrecht steht, hat man die lotrechte Hilfsebene λ durch P so gewählt, daß sie auch noch durch den Gratstab geht. Die Resultierenden T sind als Auflagerkräfte gedacht und in der Abbildung dementsprechend angedeutet. In der gleichen Abbildung ist auch noch die Zerlegung der H_i nach S_i und T_i zum Ausdruck gebracht. Abb. 49 gibt schließlich für jeden Knotenpunkt das Polygon der dort angreifenden Kräfte.

61. Natürlich hätte man die durch Abb. 48 gegebene Aufgabe graphisch auch so lösen können, wie es in **57** analytisch angedeutet war. Nämlich: man zerlegt an jedem Knotenpunkt i die dort angreifende Kraft P_i nach drei Komponenten T'_i, N'_i, H'_i in Richtung der beiden Ringstäbe und des Gratstabes. Ist N'_i die Komponente in Richtung des Ringstabes i, so ist unmittelbar nach Formel (41)

$$S_i = - N'_i\,.$$

Damit sind alle Ringstabspannungen gefunden; wie bei der vorigen Lösung bleibt an jedem Knotenpunkt nur mehr die ebene Aufgabe, die Diagonal- und Gratstabspannung aufzusuchen.

Die Zerlegung der Kraft P nach den drei Komponenten H', T', N' ist hier besonders einfach, weil im Aufriß T' und N' je in der gleichen Geraden liegen.

§ 17.

Die Scheibenkuppel.
Berechnung nach der Methode der Zentralprojektion.

62. Der Gedankengang, der die Scheibenkuppel der Abb. 50 (siehe „Schlink, Statik der Raumfachwerke", siebentes und achtes Kapitel) zu berechnen gestattet, ist dieser: Alle am obern Stockwerk angreifenden Kräfte werden durch eine vom Zentrum S — d. i. der Punkt, in dem die Gratstäbe dieses Stockwerkes sich schneiden —

aus bestimmte Zentralprojektion auf die obere Ebene I, II, ... projiziert. Dabei werden die vorerst unbequemen Gratstabspannungen Null.

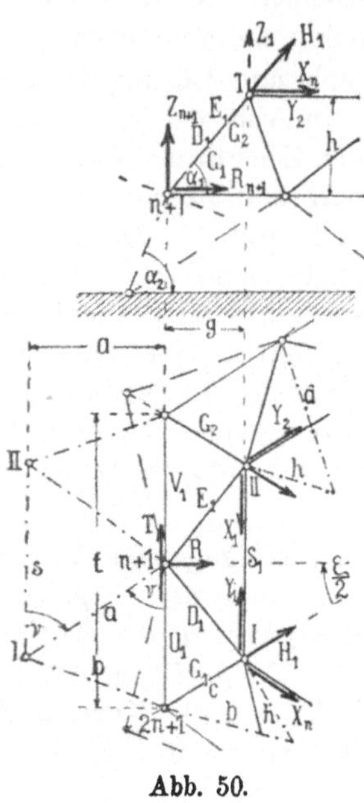

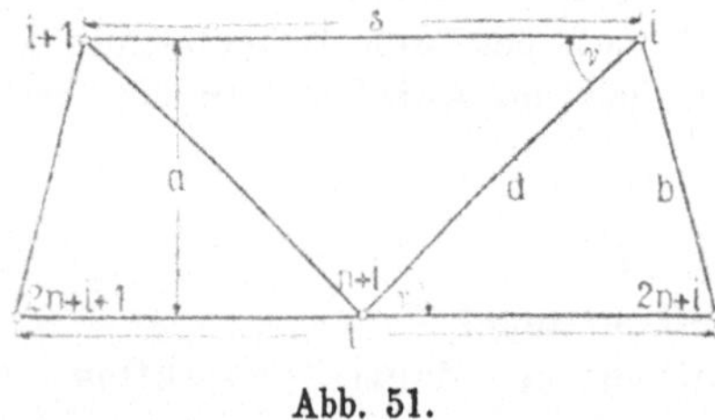

Abb. 50.

Die Anwendung der Gleichgewichtssätze auf dieses projizierte Kräftesystem gibt dann $2n$ einfach aufgebaute Translationsgleichungen für die Ring- und Diagonalstabspannungen. Ferner kann man im Aufriß eine einfache Translationsgleichung für jede Fachwand aufstellen, die nur die beiden Diagonalstabspannungen dieses Faches als Unbekannte enthält. Für die $3n$ Unbekannten: n Diagonalstabspannungen D_i, n Diagonalstabspannungen E_i, n Ringstabspannungen S_i, hat man dann $3n$ sehr einfach weiter zu behandelnde Gleichungen.

63. Vorerst eine Beschreibung der einzelnen Elemente der Kuppel. Dieselbe besteht aus n Fachwänden, deren eine durch Abb. 51 in wahrer Größe dargestellt wird; jede dieser Wände trägt einen Index. In der Wand mit dem Index i sind die obern Knotenpunkte i und $i+1$, ihre Entfernung ist s. Der mittlere Knotenpunkt des untern Stabes, der die Länge t hat, ist $n+i$, die äußern untern Knotenpunkte sind $2n+i$ und $2n+i+1$. Die beiden Ringstäbe haben die Entfernung a, der Gratstab hat die Länge b, der Diagonalstab die Länge d.

Letzterer hat gegen die Ringstäbe den Neigungswinkel ν. Die Wandfachhöhe a hat g als Horizontal-, h als Vertikalprojektion und den Neigungswinkel α_1 gegen die Horizontale, siehe Abb. 50. Der Gratstab b hat c als Horizontal-, h als Vertikalprojektion und den Neigungswinkel χ gegen die Horizontale. In Abb. 50 sind noch umgeklappt eingezeichnet

Abb. 51.

(strichpunktierte Linien) die Fachwand mit dem Index 1, die lotrechte Ebene durch einen Gratstab und diejenige durch einen Diagonalstab. Nun gilt

$$a^2 = g^2 + h^2;$$
$$d^2 = a^2 + 1/_4 s^2$$
$$= g^2 + h^2 + 1/_4 s^2; \tag{47}$$
$$c = g : \cos 1/_2 \zeta;$$
$$t = s + 2 g \operatorname{tg} 1/_2 \zeta.$$

Dabei ist wie bisher $\zeta = 2\pi : n$. Ferner ist, siehe Abb. 50,

$$\sin \nu = \frac{a}{d} = \frac{\sqrt{g^2 + h^2}}{\sqrt{g^2 + h^2 + 1/_4 s^2}},$$

$$\cos \nu = \frac{1/_2 s}{d} = \frac{1/_2 s}{\sqrt{g^2 + h^2 + 1/_4 s^2}}; \tag{48}$$

$$b^2 = c^2 + h^2;$$
$$\operatorname{tg} \alpha_1 = h : g;$$
$$\sin \chi = h : b, \quad \cos \chi = c : b.$$

64. In dem Wandfach i ist die Spannung des obern Stabes S_i, die der beiden untern U_i bezw. V_i, die der Gratstäbe G_i und G_{i+1}, die der Diagonalstäbe D_i bezw. E_i, siehe Abb. 50. Die äußere Kraft am Knoten i des obern Ringes zerlegt man in Komponenten H'_i, X'_{i-1}, Y'_i in Richtung des Gratstabes bezw. der beiden anstoßenden Ringstäbe, siehe Abb. 50. Dabei soll die Komponente H'_i positiv zählen, wenn sie nach oben geht; X'_{i-1} geht in Richtung von S_{i-1} und zählt positiv, wenn sie die Kuppel linksum zu drehen sucht; Y'_i geht in Richtung von S_i, zählt aber positiv, wenn sie rechtsum dreht. Die Kraft am mittleren Knoten $n + i$ des untern Ringes zerlegt man in Komponenten Z, T, R lotrecht bezw. tangential und radial und setzt das Vorzeichen wie in **42** fest.

Nun sind praktisch die an den Knotenpunkten angreifenden äußeren Kräfte meist in Komponenten zerlegt, deren eine Z lotrecht steht. Seien die beiden andern X, Y wie X', Y' gerichtet, so hat man zwischen den X', Y', H' einerseits und den X, Y, Z andrerseits noch den Übergang herzustellen. Zu diesem Zweck zerlegt man H' in Komponenten lotrecht und parallel den Ringstäben. H', welches gegen die Horizontale die Neigung $\operatorname{tg} \chi = h : c$ hat, läßt sich zunächst in eine Komponente

$$Z = H' \sin \chi$$

lotrecht und in eine zweite

$$R = H' \cos \chi = Z \frac{c}{h}$$

radial zerlegen; letztere selbst wieder in zwei gleichgroße Komponenten

$$1/2\, R : \sin 1/2\, \zeta$$

parallel den beiden Ringstabspannungen. Damit ist

$$X = X' + Z \frac{c}{2\, h\, \sin 1/2\, \zeta},$$

$$Y = Y' + Z \frac{c}{2\, h\, \sin 1/2\, \zeta}, \qquad (49)$$

$$Z = H' \sin \chi = H' \frac{h}{b}.$$

65. Um zu der eingangs erwähnten Zentralprojektion überzugehen: Die Komponenten H' werden zu Null, desgleichen die Gratstabspannungen G. Die X' und Y', ebenso die S bleiben in wahrer Größe erhalten. Die D und E werden zu ϱD bezw. ϱE, mit

$$\varrho = t : 2\, d. \qquad (50)$$

Man zerlegt nämlich D_i in zwei Komponenten längs des Gratstabes bezw. des Ringstabes, siehe Abb. 50; die erste verschwindet bei der Projektion, die zweite,

$$D_i \frac{1/2\, t}{d} = \varrho\, D_i,$$

bleibt in wahrer Größe erhalten. Entsprechendes gilt für E_i.

Am Knoten i kann man nach der Projektion, wenn also die D und E sich mit den S in die nämliche Gerade projizieren, die Gleichgewichtsbedingungen

$$S_i + \varrho\, D_i + Y'_i = 0,$$
$$S_{i-1} + \varrho\, E_{i-1} + X'_{i-1} = 0 \qquad (51)$$

aufstellen. Für den nächsten Punkt $i + 1$ wird die zweite dieser Gleichungen übergehen in

$$S_i + \varrho\, E_i + X'_i = 0, \qquad (52)$$

welche mit deren erster kombiniert

$$\varrho\, (D_i - E_i) - X'_i + Y'_i = 0 \qquad (53)$$

gibt, also eine Gleichung, welche als Unbekannte nur die Diagonalstabspannungen des nämlichen Wandfaches i enthält.

66. Zu dieser Gleichung (53) tritt noch eine weitere einfache Beziehung zwischen den gesuchten Diagonalstabspannungen, zu erhalten durch eine Translationsgleichung im Aufriß: am mittleren Knoten $n+i$ des untern Ringstabes der Fachwand i der Abb. 50 muß in Richtung der gestrichelt eingezeichneten Geraden Gleichgewicht sein. Falls diese Wand i senkrecht zum Aufriß steht — in der Abbildung die Wand 1 — haben die Diagonalstabspannungen D_i und E_i die Aufrißprojektion $D_i \sin \nu$ bezw. $E_i \sin \nu$, liefern also in Richtung der angegebenen Geraden den Beitrag

$$D_i \sin \nu \, \sin (\alpha_2 - \alpha_1) \text{ bezw. } E_i \sin \nu \, \sin (\alpha_2 - \alpha_1).$$

Dabei ist α_1 bezw. α_2 der Neigungswinkel der Fachwand des obern bezw. untern Stockwerkes gegen die Horizontale. Damit wird diese Translationsgleichung

$$(D_i + E_i) \sin \nu \sin (\alpha_2 - \alpha_1) + R_{n+i} \sin \alpha_2 = Z_{n+i} \cos \alpha_2. \quad (54)$$

67. Schreibt man die Gleichungen (53) und (54) in der Form

$$D_i - E_i - A_i = 0,$$
$$D_i + E_i + B_i = 0,$$

wo also

$$A_i = (X'_i - Y'_i) : \varrho,$$
$$B_i = \frac{R_{n+i} \sin \alpha_2 - Z_{n+i} \cos \alpha_2}{\sin \nu \sin (\alpha_2 - \alpha_1)}, \quad (55)$$

so wird

$$D_i = + \tfrac{1}{2} (A_i - B_i);$$
$$E_i = - \tfrac{1}{2} (A_i + B_i). \quad (56)$$

Aus Gleichung (51) erhält man noch

$$S_i = - \varrho D_i - Y'_i. \quad (57)$$

Die Gratstabspannung G_i ermittelt man am Knoten i durch eine Translationsgleichung in lotrechter Richtung. Die äußere Kraft liefert dazu den Beitrag

$$Z_i = \frac{h}{b} H'_i,$$

wenn man nach oben positiv zählt; die Gratstabspannung G_i und die Diagonalstabspannungen D_i und E_{i-1} liefern die bez. Beiträge

$$- G_i \frac{h}{b}, \qquad - D_i \frac{h}{d}, \qquad - E_{i-1} \frac{h}{d},$$

so daß diese Translationsgleichung wird

$$H'_i \frac{h}{b} - G_i \frac{h}{b} - \frac{h}{d} (D_i + E_{i-1}) = 0,$$

oder

$$G_i = H'_i - \frac{b}{d}(D_i + E_{i-1})$$
$$= Z_i \frac{b}{h} - \frac{b}{d}(D_i + E_{i-1}). \tag{58}$$

Damit sind alle im obern Stockwerk auftretenden Spannungen bestimmt, die Ermittlung der Spannungen jener Stäbe, welche die Kuppel nach unten hin fortsetzen, bietet keine Schwierigkeiten mehr.

§ 18.
Die Scheibenkuppel. Zahlenbeispiel.

68. An einem speziellen Beispiel, entnommen dem bereits zitierten Werk von Schlink, soll der Gebrauch dieser Formeln gezeigt werden. Vorgelegt ist eine Scheibenkuppel mit $n = 6$ obern Ringknoten; weiterhin ist gegeben

$$h = 5 \text{ m}, \quad g = 3 \text{ m}, \quad t = 10 \text{ m}; \quad \alpha_2 = 90^0.$$

Damit wird $\zeta = 60^0$. Die Formeln (47) mit (50) bestimmen

$$s = 6{,}5359 \text{ m}, \quad c = 3{,}4641 \text{ m}, \quad a = 5{,}8310 \text{ m},$$
$$b = 6{,}0828 \text{ m}, \quad d = 6{,}6843 \text{ m};$$
$$\varrho = 0{,}7480.$$

$$\sin \zeta = 0{,}8660, \quad \cos \zeta = 0{,}5000, \quad \text{tg} \zeta = 1{,}7321, \quad \cot g \zeta = 0{,}5774;$$
$$\sin \nu = 0{,}8724, \quad \cos \nu = 0{,}4889;$$
$$\text{tg}\, \alpha_1 = 1{,}6667, \quad \sin \alpha_1 = 0{,}8580, \quad \cos \alpha_1 = 0{,}5146;$$
$$\sin \chi = 0{,}8230, \quad \cos \chi = 0{,}5695.$$

Der Zusammenhang zwischen X, Y, Z und X', Y', Z' ist nach den Gleichungen (49) gegeben durch

$$X'_i = X_i - 0{,}6928\, Z_i,$$
$$Y'_i = Y_i - 0{,}6928\, Z_i. \tag{59}$$

Mit diesen Werten gehen die Gleichungen (55) mit (58) über in

$$A_i = 1{,}3369(X_i - Y_i);$$
$$B_i = 2{,}2276\, R_{n+i}. \tag{60}$$

$$D_i = + 0{,}6684(X_i - Y_i) - 1{,}1138\, R_{n+i},$$
$$E_i = - 0{,}6684(X_i - Y_i) - 1{,}1138\, R_{n+i}. \tag{61}$$

$$S_i = - 0{,}7480\, D_i - Y_i + 0{,}6928\, Z_i$$
$$= - 0{,}7480\, E_i - X_i + 0{,}6928\, Z_i;$$
$$G_i = + 1{,}2166\, Z_i - 0{,}9100(D_i + E_{i-1}).$$

Oder wenn man S_i und G_i unmittelbar nach den gegebenen äußeren Kräften ausdrückt,

$$S_i = -0{,}5(X_i + Y_i) + 0{,}6928\,Z_i + 0{,}8331\,R_{n+i}; \qquad (62)$$

$$G_i = 1{,}2166\,Z_i + 0{,}6083(X_{i-1} - X_i + Y_i - Y_{i-1}) \\ + 1{,}0136(R_{n+i} + R_{n+i-1}). \qquad (63)$$

69. Erster Belastungsfall: rein lotrecht.

Alle Z am obern Ring sind gleich groß: $Z_i = -1000$ kg. Alle X und Y am obern Ring sind Null, alle R sind Null. Damit wird

$$D_i = E_i = 0;$$
$$S_i = -692{,}8 \text{ kg}, \qquad G_i = -1216{,}6 \text{ kg}.$$

70. Zweiter Belastungsfall: rein horizontal.

Gegeben ist mit

$$P = 461{,}9 \text{ kg}, \qquad Q = 450 \text{ kg}:$$

$$
\begin{aligned}
X_1 &= +6P, & Y_1 &= -P, & R_7 &= +Q, \\
X_2 &= +3P, & Y_2 &= +3P, & R_8 &= +4Q, \\
X_3 &= -P, & Y_3 &= +6P, & R_9 &= +Q, \\
X_4 &= 0, & Y_4 &= +P, & R_{10} &= 0, \\
X_5 &= 0, & Y_5 &= 0, & R_{11} &= 0, \\
X_6 &= +P; & Y_6 &= 0; & R_{12} &= 0.
\end{aligned}
$$

Mit diesen Werten wird, wenn zur Abkürzung

$$A = 1{,}3369\,P = 617{,}5 \text{ kg},$$
$$B = 2{,}2276\,Q = 1002{,}5 \text{ kg}$$

gesetzt wird,

$$
\begin{aligned}
A_1 &= +7A, & B_1 &= +B, \\
A_2 &= 0, & B_2 &= +4B, \\
A_3 &= -7A, & B_3 &= +B, \\
A_4 &= -A, & B_4 &= 0, \\
A_5 &= 0, & B_5 &= 0, \\
A_6 &= +A; & B_6 &= 0.
\end{aligned}
$$

Die Formeln (56) oder (61) geben dann

$$
\begin{aligned}
D_1 &= +1660 \text{ kg}, & E_1 &= -2662 \text{ kg}, \\
D_2 &= -2040 \text{ kg}, & E_2 &= -2040 \text{ kg}, \\
D_3 &= -2662 \text{ kg}, & E_3 &= +1660 \text{ kg}, \\
D_4 &= -309 \text{ kg}, & E_4 &= +309 \text{ kg}, \\
D_5 &= 0, & E_5 &= 0, \\
D_6 &= +309 \text{ kg}; & E_6 &= -309 \text{ kg}.
\end{aligned}
$$

Formel (62) und (63) liefern

$$S_1 = -780 \text{ kg,} \qquad\qquad G_1 = -1230 \text{ kg,}$$
$$S_2 = +114 \text{ kg,} \qquad\qquad G_2 = +4280 \text{ kg,}$$
$$S_3 = -780 \text{ kg,} \qquad\qquad G_3 = +4280 \text{ kg,}$$
$$S_4 = -231 \text{ kg,} \qquad\qquad G_4 = -1230 \text{ kg,}$$
$$S_5 = 0, \qquad\qquad G_5 = -281 \text{ kg,}$$
$$S_6 = -231 \text{ kg;} \qquad\qquad G_6 = -281 \text{ kg.}$$

§ 19.
Die Scheibenkuppel.
Berechnung nach der Methode der homogenen Deformation.

71. Die Berechnung der Kuppel der Abb. 50 kann man in übersichtlicher Weise auch derart durchführen, daß man sie durch homogene Deformation zuvor in die Kuppel der Abb. 52 überführt. Von dieser deformierten Konstruktion werde ausgegangen.

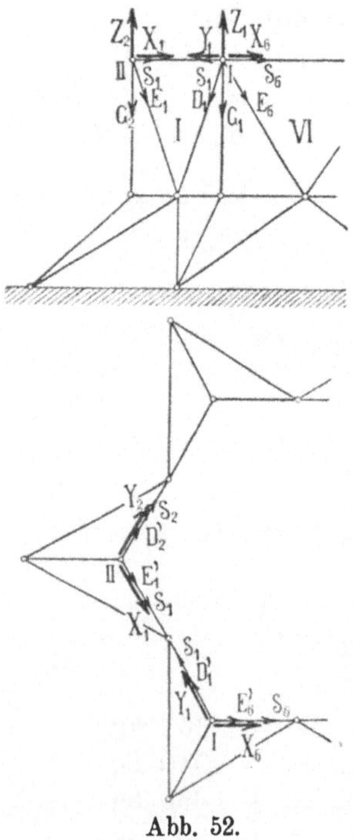

Abb. 52.

Die Ermittlung der auftretenden Spannungen gestaltet sich unschwierig durch folgende Überlegung. Das obere Stockwerk der Kuppel projiziert sich im Grundriß als n-fach statisch unbestimmtes Fachwerk — n Knoten, n Ringstabspannungen S_i, n Diagonalstabspannungen D'_i, n Diagonalstabspannungen E'_i. Diese statische Unbestimmtheit ist aber hier von besonders einfacher Art. Führt man nämlich als statisch unbestimmte Größen an jedem Knoten etwa eine der Diagonalstabspannungen ein, in Abb. 52 mit D'_i bezeichnet, wenn sie am Knoten i angreift, so lassen sich die andern Diagonalstabspannungen E'_i und die Ringstabspannungen S_i unschwer nach den äußeren Kräften und nach den D_i ausdrücken.

An jedem Mittelknoten $n+i$ des untern Ringes läßt sich ferner durch eine Translationsgleichung im Aufriß eine einfache Beziehung zwischen D_i, E_i und der an diesem Knoten angreifenden äußeren Kraft aufstellen. Solcher Gleichungen kann man n aufstellen, gerade soviele als notwendig sind, die n-fache statische Unbestimmtheit zu heben. Eine übersichtliche Kombination dieser Gleichungen mit den am Grundrißfachwerk aufgestellten wird dann gestatten, die Ring- und Diagonalstabspannungen nach den äußeren Kräften auszudrücken.

72. Zerlegt man am Knoten i des obern Ringes die gegebene äußere Kraft P in Komponenten X, Y, Z wie in **64**, zerlegt man ferner die D bezw. E in Komponenten längs des Ringstabes und Gratstabes und bezeichnet die erste mit D' bezw. E', so kann man am Fach i, also an den Knoten i und $i + 1$, die Gleichgewichtsbedingungen, siehe Abb. 52,

$$X_i + S_i + E'_i = 0,$$
$$Y_i + S_i + D'_i = 0$$

aufstellen. Zu diesem Gleichungspaar kommt als dritte noch die oben erwähnte Beziehung zwischen D_i und E_i. In **66** wurde an der undeformierten Kuppel diese Beziehung in der Form (54) bereits aufgestellt, an der deformierten wird sie also

$$D_i + E_i + C_i = 0$$

sein. Man hat so insgesamt n Gruppen Gleichungen

$$S_i + E'_i + X_i = 0,$$
$$S_i + D'_i + Y_i = 0, \qquad (64)$$
$$D_i + E_i + C_i = 0,$$

also immer je drei Gleichungen für die drei Unbekannten D_i, E_i, S_i. Im Prinzip ist damit die Aufgabe gelöst. Die weitere Behandlung hat bei der Berechnung der gegebenen undeformierten Kuppel zu erfolgen, zu der jetzt übergegangen werden soll.

73. Bei der Reformation zur ursprünglichen Gestalt der Kuppel gehen nach den Überlegungen von **46** die ersten beiden Gleichungen von (64) über in

$$S_i + D'_i + Y'_i = 0,$$
$$S_i + E'_i + X'_i = 0.$$

Dabei sind die X' und Y' die Komponenten der gegebenen äußeren Kräfte, wenn man diese nach **64** zerlegt; S_i sind die Ringstabspannungen; D_i bezw. E_i denkt man sich in Komponenten längs des Ringstabes und Gratstabes zerlegt, dann ist die erstere D'_i bezw. E'_i. Die dritte der Gleichungen (64) könnte man allerdings auch homogen reformieren und damit in der Form

$$D_i + E_i + B_i = 0$$

erhalten. Bequemer ist es **aber**, diese Gleichung unmittelbar am undeformierten Fachwerk aufzustellen, so wie in **66** geschah. Die Gleichungen (64) erhalten dann die Form

$$S_i + \varrho\, D_i + Y'_i = 0,$$
$$S_i + \varrho\, E_i + X'_i = 0,$$
$$D_i + E_i + B_i = 0,$$

wo ϱ und B_i nach (50) bezw. (55) bestimmt ist. Man ist damit wieder zu den Gleichungen (51), (52), (54) gekommen, also auch zu den nämlichen Entwicklungen wie in § 17.

§ 20.
Die Leipziger Kuppel.
Berechnung nach der Methode der Zentralprojektion.

74. Ein schönes Beispiel für die Behandlung von räumlichen Fachwerken mit Zentralprojektion bietet die **Föppl**sche Kuppel der Leipziger Markthalle: **Föppl**, Das Fachwerk im Raum, Teubner 1892, Tafel II. Wie der durch Abb. 53 wiedergegebenen Tafel zu entnehmen, schneiden sich alle Gratstäbe im nämlichen Punkt 0. Das wäre zwar nicht notwendig, vereinfacht aber die Aufgabe. (Die Methode der homogenen Deformation z. B. läßt sich bei anders gedachter Konstruktion nur mit Schwierigkeiten anwenden).

Zerlegt man wie bisher die Kräfte an den Knotenpunkten des obern Ringes in Komponenten H', X', Y' längs des Gratstabes und der beiden anstoßenden Ringstäbe, die Kräfte an den mittleren Knoten der nächstuntern Ringstäbe in Komponenten Z, T, R lotrecht, tangential und radial — radial heißt hier abgekürzt die Richtung senkrecht Z und T — so erhält man durch Zentralprojektion von 0 aus auf die obere Ebene und Elimination der Ringstabspannungen zunächst fünf Gleichungen für die neun Diagonalstabspannungen D_i, E_i; und zwar enthält eine erste Gleichung nur D_1, E_1 als Unbekannte, eine zweite nur D_2, E_2, eine dritte nur D_3, E_3, eine vierte nur D_5, E_5, die fünfte nur D_4 als Unbekannte.

75. Am Knotenpunkt V sind diese beiden Projektionsgleichungen

$$X'_4 + S_4 \qquad = 0,$$
$$Y'_5 + S_5 + \delta_5 D_5 = 0,$$

wobei $\delta_5 D_5$ die Komponente von D_5 in Richtung des Ringstabes s_5

ist, falls man D_5 in zwei Komponenten parallel dem Ringstab und Gratstab zerlegt. Entsprechend wird für die Knoten I, II, III, IV

$$X'_5 + S_5 + \varepsilon_5 E_5 = 0,$$
$$Y'_1 + S_1 + \delta_1 D_1 = 0,$$
$$\text{---} \ \text{---} \ \text{---} \ \text{---} \ \text{---} \ .$$

Dabei ist jedesmal wieder D_i bezw. E_i in zwei Komponenten längs dem Ringstab und Gratstab zerlegt; die erste Komponente ist dann $\delta_i D_i$ bezw. $\varepsilon_i E_i$.

Ordnet man diese und die noch folgenden Gleichungen nach den Fachwänden I, II, III, IV, V, so hat man

$$Y'_1 + S_1 + \delta_1 D_1 = 0,$$
$$X'_1 + S_1 + \varepsilon_1 E_1 = 0, \tag{65}$$

oder nach Elimination von S_1

$$\delta_1 D_1 - \varepsilon_1 E_1 = X'_1 - Y'_1$$

für die Wand I; und für die übrigen Wände

$$\delta_2 D_2 - \varepsilon_2 E_2 = X'_2 - Y'_2,$$
$$\delta_3 D_3 - \varepsilon_3 E_3 = X'_3 - Y'_3,$$
$$\delta_4 D_4 \qquad\;\; = X'_4 - Y'_4, \tag{66}$$
$$\delta_5 D_5 - \varepsilon_5 E_5 = X'_5 - Y'_5.$$

76. Weiterhin erhält man noch vier Translationsgleichungen, je eine an den Knotenpunkten VI, VII, VIII, IX in Richtung senkrecht zu den das Fachwerk nach unten fortsetzenden lotrechten Wänden, d. i. in Richtung von R_{n+i}. In diese Gleichung treten nur die Diagonalstabspannungen und die Radialkomponenten R_{n+i} der äußeren Kräfte ein. Bezeichnet $\delta'_i D_i$ bezw. $\varepsilon'_i E_i$ die Projektion der Diagonalstabspannung D_i bezw. E_i auf die gewählte Translationsrichtung, so gilt für jeden Knotenpunkt $n+i$

$$R_{n+i} + \delta'_i D_i + \varepsilon'_i E_i = 0. \tag{67}$$

Für jedes Paar zusammengehöriger Diagonalstabspannungen D_i und E_i hat man damit zwei Gleichungen

$$\delta_1 D_1 - \varepsilon_1 E_1 + Y'_1 - X'_1 = 0,$$
$$\delta'_1 D_1 + \varepsilon'_1 E_1 + R_{n+1} \quad = 0, \tag{68}$$
$$\text{---} \ \text{---} \ \text{---} \ \text{---} \ \text{---} \ \text{---} \ .$$

Die letzte, die neunte Gleichung

$$\delta_4 D_4 + Y'_4 - X'_4 = 0 \tag{69}$$

enthält nur D_4 als Unbekannte. Damit sind die Diagonalstabspannungen sämtlich bestimmt, die Aufgabe ist im Prinzip gelöst. Die Ermittlung der Spannungen der obern Ringstäbe erfolgt durch die zuerst aufgestellten Translationsgleichungen (65) am projizierten

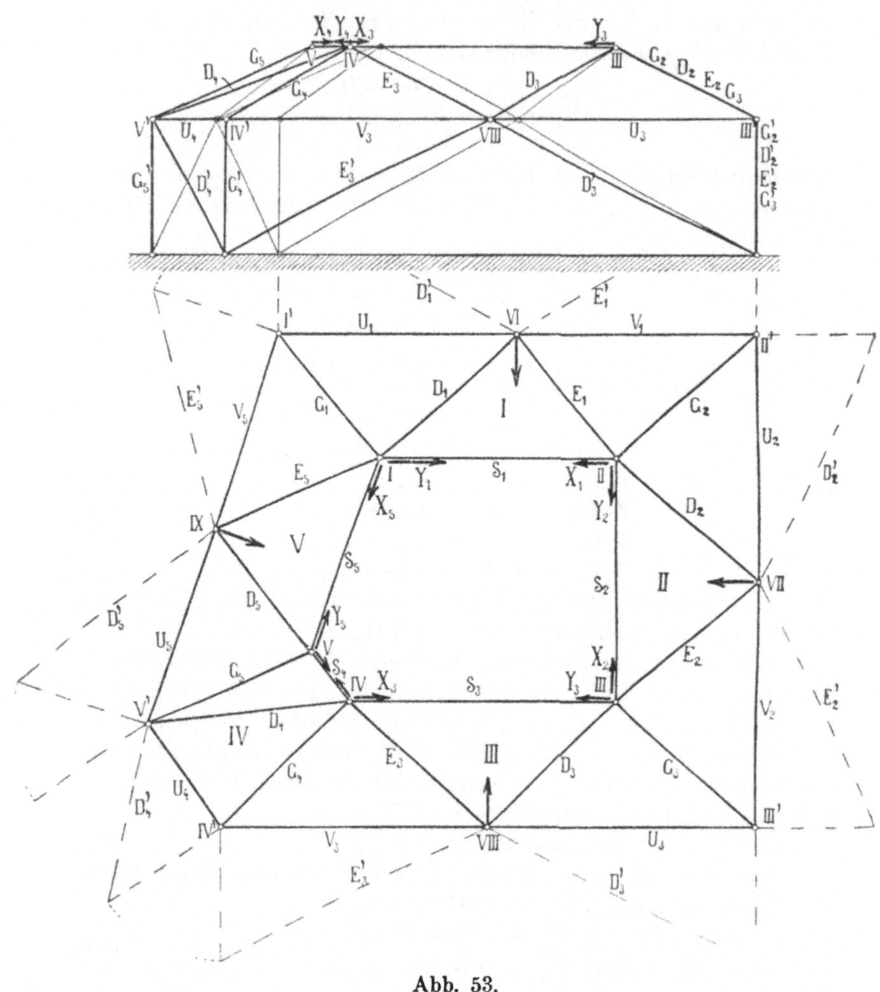

Abb. 53.

Spannungssystem, die Ermittlung der Spannungen der Gratstäbe und der untern Ringstäbe sowie der in den lotrechten Ebenen befindlichen Auflagerstäbe bietet keinerlei Schwierigkeiten mehr.

77. Sind die äußern Kräfte in Komponenten Z, X, Y lotrecht und längs der beiden Ringstäbe gegeben, so wird man für den

Übergang vom System H', X', Y' zum System Z, X, Y die entsprechenden Transformationsformeln wie (49) aufstellen. Es wird

$$X_i = X'_i + \alpha_i Z_i,$$
$$Y_i = Y'_i + \beta_i Z_i, \qquad\qquad (70)$$
$$Z_i = \gamma_i H'_i,$$

wo die von der Konstruktion abhängigen Konstanten α_i, β_i, γ_i unschwer graphisch oder analytisch zu ermitteln sind.

§ 21.
Die Leipziger Kuppel.
Berechnung nach der Komponentenmethode.

78. Will man die Spannungen der Leipziger Kuppel — oder einer ähnlich konstruierten, etwa der Scheibenkuppel — rein graphisch ermitteln, so kann man an Hand der Abbildungen 53

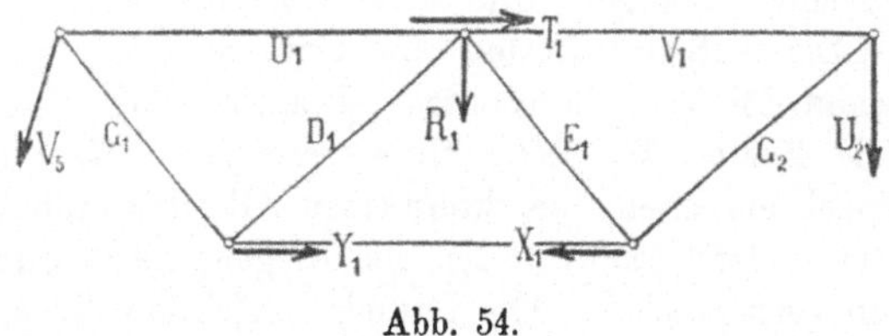

Abb. 54.

und 54 etwa folgendermaßen vorgehen: Man zerlegt wieder die äußeren Kräfte an den Knoten I, II, III, IV, V des obern Ringes in Komponenten H', X', Y' längs des Gratstabes und der beiden anstoßenden Ringstäbe wie bisher, die Kräfte an den Mittelknoten VI, VII, VIII, IX der untern Ringstäbe in Komponenten Z, T, R wie nach **74**, die Kräfte an den Eckknoten I', II', III', IV', V' dieser Ringstäbe in Komponenten W' lotrecht, U' und V' längs der anstoßenden Ringstäbe.

Nun läßt sich leicht zeigen, daß die obern Ringstäbe s_i sowie die Diagonalstäbe d_i und e_i einzig durch die Komponenten X'_i, Y'_i, R_{n+i} beansprucht werden. Die Komponenten W' werden nämlich unmittelbar durch die lotrechten Auflagerstäbe aufgenommen; die Komponenten U' und V' werden zunächst von den untern Ringstäben aufgenommen und zu den mittleren Knoten geleitet und dortselbst von den schiefen Auflagerstäben zur Erde. Knoten IV' und V' verhalten sich teilweise anders, insofern V'_4 unmittelbar von den beiden Auflagerstäben bei V' aufgenommen wird, U'_4 mittelbar, nachdem es zunächst durch den Ringstab s'_4 zum Knoten V' geleitet wurde. Die Komponenten Z und T an den Mittelknoten des untern Ringes werden sofort von den schiefen Auflagerstäben an diesen Knoten aufgenommen. Die Komponente H'_i wird zunächst vom Gratstab g_i aufgenommen und zum untern Knoten i' geleitet, dortselbst wird sie genau so wie die dort angreifende äußere Kraft, deren Komponenten U'_i, V'_i, W'_i sind, zur Erde weitergeleitet.

Der Nachweis, daß der obere Ringstab s_i und die Diagonalstäbe d_i und e_i nur durch die Komponenten X'_i, Y'_i, R_{n+i} beansprucht werden, ist übrigens durch die Formeln (65) und (68) auch analytisch erbracht.

79. Hauptaufgabe ist nun, die durch die Komponenten X'_i, Y'_i, R_{n+i} hervorgerufenen Spannungen D_i, E_i, S_i festzustellen. In Abb. 53 sind deswegen nur diese Komponenten X' Y', R eingezeichnet. Die Aufgabe findet eine einfache Lösung, wenn man jede Fachwand für sich betrachtet. Zunächst das **Fach I**: Läßt man nur die Kräfte X'_1, Y'_1, R_1 — was statt R_{n+1} steht — an der Kuppel angreifen, so kann man Gleichgewicht herstellen, ohne von den andern Fachwänden die Diagonalstäbe oder die obern Ringstäbe zu beanspruchen. Die Grundrißprojektion dieser Fachwand bildet nämlich einen statisch bestimmten Fachwerkträger, die Rolle der drei Auflagerkräfte wird übernommen durch die Spannungen V_5 und U_2 der anstoßenden untern Ringstäbe sowie durch die Grundrißprojektion der Resultierenden T_1 der beim Knoten VI zusammenstoßenden schiefen Auflagerstabspannungen. Auflagerkräfte und Spannungen dieses ebenen Fachwerkträgers sind mit einem einfachen Cremonaplan leicht zu ermitteln.

Diese Betrachtung ist aber nur unter einer ganz bestimmten Voraussetzung erlaubt. Hat man nämlich im Grundriß alle unbekannten Kräfte gefunden und projiziert in den Aufriß, so darf sich kein Widerspruch zwischen Grundriß und Aufriß ergeben. Ein solcher Widerspruch fehlt, wenn wie hier im Aufriß an jedem Knotenpunkt nur eine unbekannte Kraft auftritt, die naturgemäß lotrecht stehen muß: Die Spannung G'_1 und G'_2 des lotrechten Auflagerstabes bei I bezw. II, bei VI die lotrechte Komponente von T_1. Damit ist nun andrerseits wieder bewiesen, daß die Ring- und Diagonalstäbe des Faches I nur durch X'_1, Y'_1, R_1 beeinflußt werden.

Und diese Spannungen sind mit einem ebenen Kräfteplan leicht aufzufinden.

In der gleichen Weise findet man die Spannungen D_i, E_i, S_i der Fachwände II, III. An der Fachwand V werden die drei Auflagerkräfte dargestellt durch die Spannung U_1, die Grundrißprojektion von D'_4 und die Grundrißprojektion von T_5, d. i. die Resultierende der Auflagerstabspannungen bei IX. An der Fachwand IV werden die Auflagerkräfte dargestellt durch die Spannungen V_3 und U_5 und durch die Grundrißprojektion von D'_4.

Nachdem man so alle Spannungen der Diagonal- und obern Ringstäbe gefunden hat, wird man wieder von vorn beginnend sämtliche gegebene Lasten an den einzelnen Knotenpunkten anbringen und mit Hilfe der bereits ermittelten Spannungen den Kräfteplan zunächst im Grundriß und alsdann im Aufriß fertig zeichnen.

Erwähnt möge noch werden, daß auch die analytische Entwicklung von Formeln für die einzelnen Stabspannungen nach der Komponentenmethode einfacher ist als nach der Methode der Zentralprojektion.

<h2>§ 22.</h2>

<h3>Das Zeltdach. Berechnung nach dem Korrekturprinzip.</h3>

80. Das Zeltdach der Abb. 55, das der nachfolgenden Entwicklung zugrunde liegt, ist dem schon mehrfach erwähnten Buch „Schlink, Statik der Raumfachwerke" entnommen. Die Belastung ist durch Grund- und Aufriß gegeben.

Der Gedankengang, den das Korrekturprinzip hier einschlägt, ist einfacher Natur: Man betrachte den Grundriß des Zeltdaches für sich, er stellt einen einfach statisch unbestimmten ebenen Fachwerkträger

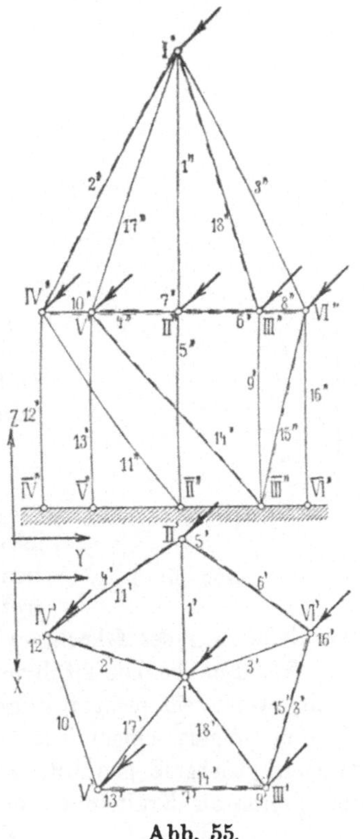

Abb. 55.

vor. Die Auflagerstabspannungen bezw. deren Grundrißprojektionen S'_{11}, S'_{14}, S'_{15} übernehmen die Rolle der Auflagerkräfte. Man wählt irgend einen Stab als „überzählig", bezeichnet seine

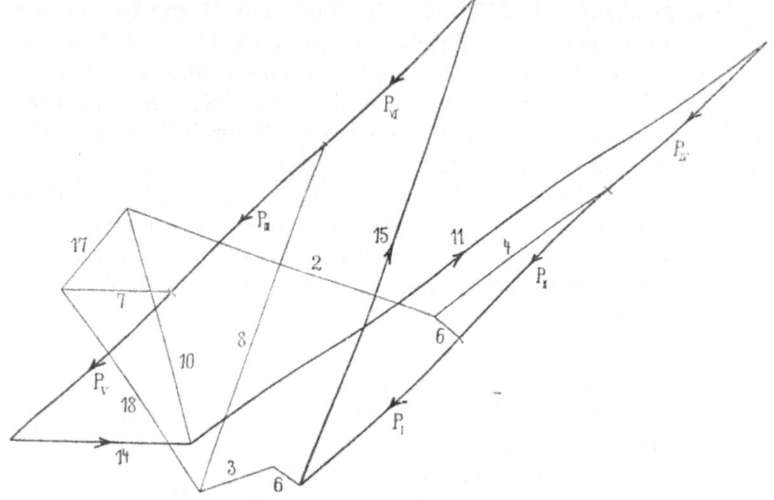

Abb. 56.

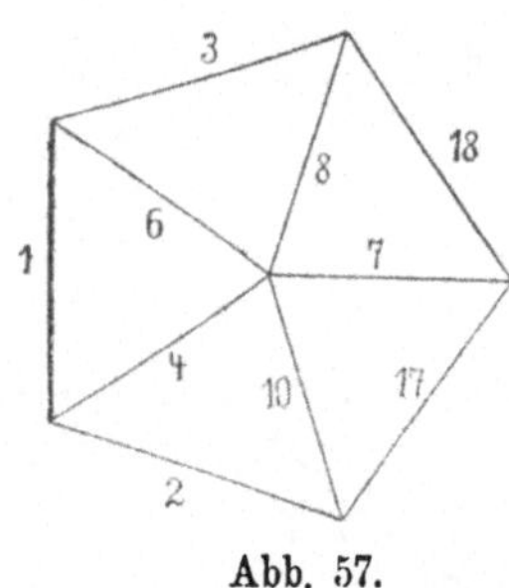

Abb. 57.

Spannung bezw. deren Grundrißprojektion mit X und konstruiert nach der bekannten Vorschrift die beiden Kräftepläne (P'), (T') und (X), $(U' = Xu')$, so daß die Spannung

$$S'_i = T'_i + Xu'_i. \qquad (71)$$

T', u', S' sind natürlich die Grundrißprojektionen, T'', u'', S'' die Aufrißprojektionen der einzelnen Stabspannungen bezw. Komponenten. Die einzige auftretende Unbekannte X bestimmt sich aus der Bedingung des Gleichgewichts am Knotenpunkt I im Aufriß.

81. Für die Durchführung des durch Abb. 55 gegebenen Beispiels werde ein rechtwinkliges Koordinatensystem, so wie die Abbildung angibt, eingeführt. Die X-Komponenten aller Kräfte P wurden gleichgroß gewählt, ebenso die Y- und Z-Komponenten. Mit der Tonne als Krafteinheit sind alle

$$X_i = +1, \qquad Y_i = -1, \qquad Z_i = -1.$$

Als „überzählig" wird der Stab 1 gewählt, die Grundrißprojektion seiner Spannung sei X.   Der Kräfteplan der Abb. 56 gibt das

Spannungsbild (P'), (T'), wenn mit P'_i die Grundrißprojektion von P_i bezeichnet wird. Abb. 57 gibt das Spannungsbild (X), (Xu') für die Annahme $X = 1$. In der nachfolgenden Tabelle (73) sind die Werte T', u' zusammengestellt. Die Kontrollgleichung, welche X ermitteln läßt, ist die Gleichgewichtsbedingung m Aufriß am Knoten I. Für diesen Punkt gilt, wenn $\mathfrak{S}''_i$ die Aufrißprojektion von $\mathfrak{S}_i$,

$$\Sigma \mathfrak{S}'' = 0$$

oder

$$\Sigma \mathfrak{T}'' + X \Sigma \mathfrak{u}'' = 0$$

oder

$$\mathfrak{W}_T + \mathfrak{W}_X = 0. \qquad (72)$$

W_T ist eine durch die bekannten Kräfte P bestimmte Größe; in Abb. 58 ist W_T dadurch gefunden worden, daß man im Grundriß das Kräftepolygon der T' für den Punkt I antrug und die einzelnen Kräfte in den Aufriß projizierte. Ebenso wird W_X durch das Kräftepolygon der u' für den nämlichen Punkt I gefunden. Durch das bekannte W_T ist das gesuchte W_X und damit auch das ihm proportionale X bestimmt. Damit im vorliegenden Fall $W_X = --- W_T$ werde, muß X, das in der Zeichnung gleich der Einheit gewählt wurde, den Wert $X = 0{,}89$ erhalten.

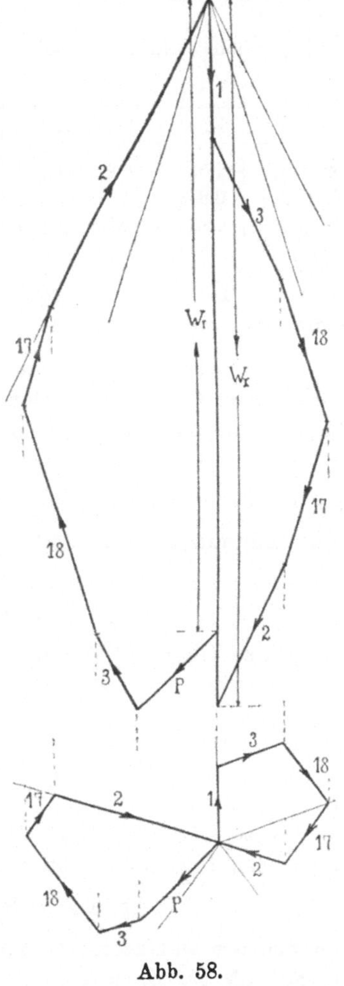

Abb. 58.

Damit sind dann die S'_i so gefunden, wie sie in der nachfolgenden Tabelle, in Tonnen ausgedrückt, angegeben sind.

	1	2	3	4	5	6	7	8	
T'	0	$-2{,}170$	$-0{,}525$	$-1{,}465$	0	$-0{,}230$	$+0.715$	$+2{,}430$	
u'	$+1$	$+1$	$+1$	$-0{,}851$	0	$-0{,}851$	-0.851	$-0{,}851$	(73)
S'	$+0{,}890$	$-1{,}280$	$+0{,}365$	$-2{,}222$	0	$-0{,}987$	$-0{,}042$	$+1{,}693$	

	9	10	11	12	13	14	15	16	17	18
T'	0	$+1{,}620$	$+4{,}633$	0	0	$-1{,}187$	$-3{,}446$	0	$-0{,}665$	$-1{,}630$
u'	0	$-0{,}851$	0	0	0	0	0	0	$+1$	$+1$
S'	0	$+0{,}863$	$+4{,}633$	0	0	$-1{,}187$	$-3{,}446$	0	$+0{,}225$	$-0{,}740$

Die Lösung der Aufgabe bietet ab hier keine Schwierigkeiten
mehr, soll daher nicht weiter fortgesetzt werden.

82. Als Kontrollgleichung zur Ermittlung von X hätte man
am Knoten I auch die Gleichgewichtsbedingung in lotrechter Richtung
wählen können und analytisch sehr einfach erhalten

$$Z_I - \Sigma Z_i = 0, \tag{74}$$

wo die Z_i die lotrechten Komponenten der am Knoten I angreifenden Spannungen sind. Mit

$$\begin{aligned} Z_i &= r_i S'_i \\ &= r_i(T'_i + X u'_i) \end{aligned} \tag{75}$$

geht diese Gleichung (74) über in

$$Z_I - \Sigma r T' - X \Sigma r u' = 0$$

oder

$$X = \frac{Z_I - \Sigma r T'}{\Sigma r u'}. \tag{76}$$

Im vorliegenden Fall sind die r_i — die Neigungswerte der Stäbe
gegen den Grundriß — alle gleich groß und zwar

$$r_i = r = 8{,}0 : 4{,}253 = 1{,}881,$$

wie aus der im Maßstab 1 : 250 gezeichneten Abb. 55 zu entnehmen
ist, so daß mit $Z_I = -1$

$$X = \frac{-1 - 1{,}881\,\Sigma T'}{1{,}881\,\Sigma u'} = 0{,}89$$

wird.

§ 23.
Das Zeltdach. Allgemeine Berechnung.

83. Ein allgemeines Zeltdach von der Art der Abb. 55 hat n kongruente Meridiane, also n Knoten im Ring und einen an der Spitze, n schiefe Sparrenstäbe, n Ringstäbe, n lotrechte Gratstäbe. Um eine starre Verbindung dieser $n+1$ Knotenpunkte mit der Erde und unter sich zu erzielen, sind

$$k = 3(n+1) = 3n+3$$

Stäbe notwendig. Man muß somit noch drei Stäbe am Zeltdach einschalten, am besten von den Ringknoten zur Erde gehend, so wie Abb. 55 zeigt. Werden Formeln gewünscht, die jeder beliebigen Belastung Rechnung tragen sollen, so kann man etwa folgendermaßen vorgehen.

Die Grundrißprojektion des Zeltdaches ist ein einfach statisch unbestimmtes Fachwerk, welches durch die oben erwähnten eingeschalteten drei Auflagerstäbe in der Ebene des Grundrisses festgehalten zu denken ist. Deren Spannungen bezw. ihre Grundrißprojektionen können also sofort ermittelt werden, unabhängig davon, ob das Fachwerk statisch bestimmt ist oder nicht. Und zwar mit irgend einer der Methoden, welche unbekannte an einer Scheibe angreifende Kräfte auffinden lassen.

Um die Beanspruchung der übrigen Stäbe zu ermitteln, wird man analytisch denselben Weg einschlagen, wie im vorhergehenden Paragraphen graphisch. Man bezeichnet die Spannung eines Sparrenstabes, beim Beispiel der Abb. 55 etwa wieder des Stabes 1, mit X und drückt die Spannungen der übrigen Stäbe, soweit sie im Grundriß nicht verschwinden, nach den gegebenen äußeren Kräften und nach X aus. Das läßt sich ausführen, ohne den Aufriß zu Hilfe nehmen zu müssen. Geht man schließlich zu letzterem über, so wird man durch die Kontrolle am Knoten I eine Gleichung erhalten, in der einzig X als Unbekannte auftritt.

Nun ist es aber gar nicht notwendig, alle S_i nach X auszudrücken. Um die angegebene Schlußkontrolle verwerten zu können, braucht man nur die Sparrenstabspannungen als von X abhängig aufzustellen, eine Aufgabe, welche keinerlei Schwierigkeiten bietet. Stellt man nämlich, um mit dem Beispiel der Abb. 55 fortzufahren, für die Kräfte, welche am Stab 4 bezw. 6 angreifen, im Grundriß die Momentengleichung bezüglich des Schnittpunktes der Stäbe 6 und 10 bezw. 4 und 8 auf, so ist bereits S'_2 und S'_3 nach X ausgedrückt. Zwei weitere Momentengleichungen für die am Stabdreieck (2, 10, 17) bezw. (3, 8, 18) angreifenden Kräfte bezüglich des Schnittpunktes der Stäbe 4 und 7 bezw. 6 und 7 drücken S'_{18} bezw. S'_{17} nach X aus. Die Gleichgewichtsbedingung gegen Translation in lotrechter Richtung am Knotenpunkt I

$$r(S'_1 + S'_2 + S'_3 + S'_{17} + S'_{18}) = Z_I,$$

wo r die Neigung der Sparrenstäbe gegen den Grundriß ist, läßt dann, da sie nur X als Unbekannte enthält, diese Größe durch die gegebenen äußeren Kräfte darstellen.

84. Bei der analytischen Durchführung wird es sich empfehlen, die gegebenen Kräfte P nach drei Komponenten X, Y, Z zu zerlegen: Am Knoten I in Z lotrecht, X und Y etwa in Richtung der Stäbe 2 und 3; an den Ringknoten in Z lotrecht, X und Y in Richtung der beiden anstoßenden Ringstäbe; die Vorzeichen sind passend festzusetzen.

Erleichtern läßt sich die Aufgabe noch dadurch, daß man den Einfluß der Komponenten Z für sich ermittelt: Die Z an den Ringknoten werden nämlich unmittelbar durch die lotrechten Gratstäbe aufgenommen; die Komponente Z_I an der Spitze wird nach der Betrachtung von **14** von den Sparrenstäben symmetrisch aufgenommen, ebenso von den Ring- und Gratstäben, deren letztere je $^1/_5 Z_I$ zur Erde leiten, während die Diagonalstäbe durch Z_I nicht beansprucht werden. Auch der Einfluß derjenigen Komponenten X und Y, welche mit einem Diagonalstab in der gleichen lotrechten Ebene liegen, läßt sich gesondert ermitteln: Diese Komponenten werden gemeinsam vom Diagonalstab und dem zugehörigen Gratstab aufgenommen.

§ 24.
Die Reichstagskuppel.
Berechnung nach dem Korrekturprinzip.

85. Wohl die meisten Schwierigkeiten setzt einer einfachen Lösung entgegen die Zimmermannsche Reichstagskuppel, gegeben in axonometrischer Darstellung durch Abb. 59, in Grund- und Aufriß durch Abb. 60, siehe auch „Zimmermann, Über Raumfachwerke", Berlin 1901. Einer analytischen Lösung wenigstens!

Denn um bei gegebener spezieller Belastung das Spannungsbild graphisch konstruieren zu können, hat man nur zwei bezw. drei einfache ebene Kräftepläne zu zeichnen und mit deren Hilfe vier lineare unschwer zu lösende Gleichungen mit vier Unbekannten aufzustellen.

Betrachtet man nämlich den Grundriß der Kuppel als ebenen Fachwerkträger, so wird das Nachzählen der Knoten und Stäbe und der Führungen denselben als vierfach statisch unbestimmt erweisen. Man wird also die Spannungen von vier überzähligen Stäben als gegebene äußere Kräfte betrachten und das wahre Spannungsbild als Superposition von fünf partiellen Spannungsbildern erhalten. Die

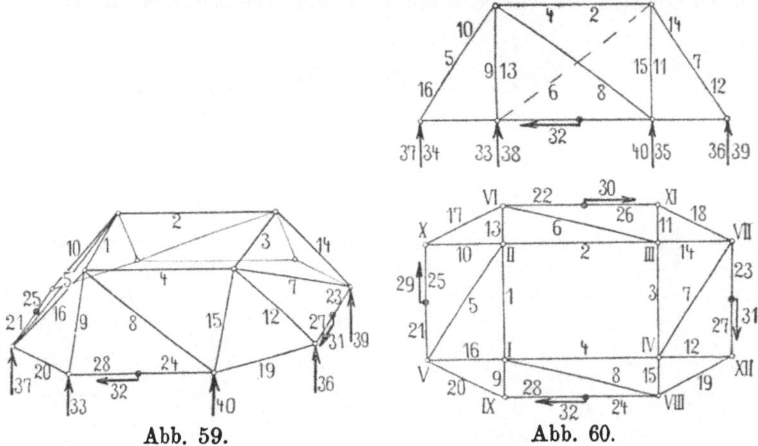

Abb. 59.   Abb. 60.

vier Gleichungen, welche die unbekannten Spannungen der als überzählig ausgewählten Stäbe ermitteln lassen, sind im vorliegenden Fall die vier Translationsgleichungen in der lotrechten Richtung an den vier obern Knotenpunkten.

86. Wenn man die überzähligen Stäbe günstig auswählt, so ist es bei dem schiefsymmetrischen Aufbau der Kuppel möglich, mit nur zwei Kräfteplänen auszukommen: einem für die gegebenen äußeren Kräfte, einem für die Spannungen der überzähligen Stäbe. Im vorliegenden Fall wurde zuerst versucht, die vier obern Ringstäbe 1, 2, 3, 4 als überzählig zu betrachten, das Spannungsbild ergab große Werte für einige partielle Spannungen, der Kräfteplan wäre ungünstig ausgefallen. Die Auswahl der Diagonalstäbe 5, 6, 7, 8 würde den Träger zum Ausnahmefall machen. Gewählt werden deswegen als überzählig die Stäbe 9, 10, 11, 12.

Um zu verstehen, wie man mit einem einzigen **Kräfteplan** die durch S_9, S_{10}, S_{11}, S_{12} hervorgerufenen Spannungskomponenten erhalten kann, betrachte man die zyklische Regelmäßigkeit der Kuppelelemente. Es spielt z. B. abgesehen von speziellen Zahlenwerten der Knotenpunkt I gegenüber den Stäben 1, 4, 8, 9, 16 dieselbe Rolle wie der Knotenpunkt II gegenüber den Stäben 2, 1, 5, 10, 13, oder III gegenüber 3, 2, 6, 11, 14, oder IV gegenüber 4, 3, 7, 12, 15. Knoten- und Stabnumerierung, allgemein die Benennung der einzelnen Elemente ist so getroffen, daß sie jeweils einen Zyklus von vier Elementen bilden. Solche Zyklen sind

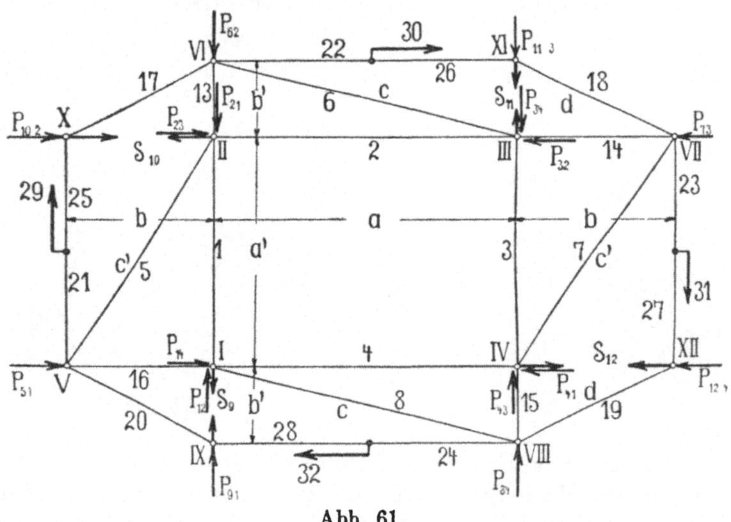

Abb 61.

(I, II, III, IV),	(V, VI, VII, VIII),	(IX, X, XI, XII),
(1, 2, 3, 4),	(5, 6, 7, 8),	. . . .,
(a, a', a, a'),	(b, b', b, b'),	(c, c', c, c'),
(P_{12}, P_{23}, P_{34}, P_{41}),	(P_{14}, P_{21}, P_{32}, P_{43}),	. . . . . . usw.

Man vergleiche hiezu die Abb. 59 und 61. Wenn man also irgendwoher weiß, daß die am Knoten I angreifende äußere Kraft P_{12} für sich die Spannungskomponenten

$$T_5 = P_{12}\,kc' : a', \qquad T_6 = -\,P_{12}\,bc, \qquad T_7 = 2\,P_{12}\,bb'c' : a', \ldots$$
$$\text{mit } k = aa' - 2\,bb' = k',$$

erzeugt, so sagt der Zyklus, daß die am Knoten II angreifende Kraft P_{23} die Spannungskomponenten

$$T_6 = P_{23}\,kc:a, \qquad T_7 = -\,P_{23}\,b'c', \qquad T_8 = 2\,P_{23}\,bb'c:a, \;\ldots$$

hervorruft, und die Kraft P_{34} am Knoten III

$$T_7 = P_{34}\,kc':a', \qquad T_8 = -\,P_{34}\,bc, \qquad T_5 = 2\,P_{34}\,bb'c':a', \ldots$$

entsprechend P_{41} am Knoten IV

$$T_8 = P_{41}\,kc:a, \qquad T_5 = -\,P_{41}\,b'c', \qquad T_6 = 2\,P_{41}\,bb'c:a, \;\ldots$$

Hat man also aus einem Kräfteplan für die als äußere gegebene Kraft gedachte Spannung S_9 die Spannungskomponenten der

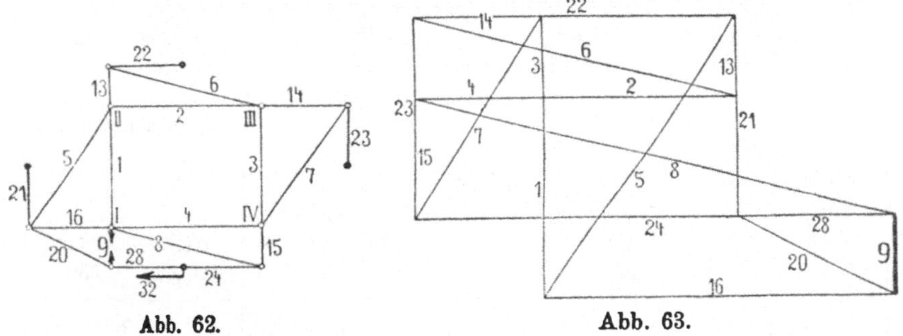

Abb. 62.   Abb. 63.

einzelnen Stäbe ermittelt, so kann man die durch S_{10}, S_{11}, S_{12} erzeugten einfach durch zyklische Vertauschung erhalten. Dies gilt freilich nur solange, als man diese Spannungskomponenten mit Hilfe der Zykluselemente a, a', b, b' nach S_9 ausdrückt. Sobald man sie durch spezielle Zahlenwerte darstellt, ist ein Zyklus nicht mehr möglich. In diesem Fall müßte man zwei Kräftepläne zeichnen, einen für S_9, einen für S_{10}. Der Kräfteplan für S_{11} bezw. S_{12} ist dann derselbe wie derjenige für S_9 bezw. S_{10}, es sind nur die Stabindizes zu vertauschen.

87. Abb. 63 gibt das Spannungsbild ($S_9 = 1$), (u), d. i. das System der Spannungen u, die in dem Träger der Abb. 62 entstehen, wenn wie dort eingezeichnet die Kraft $S_9 = 1$ angreift. Die nachfolgende Tabelle (78) gibt diese Teilspannungen u an, multipliziert mit dem Faktor g. Abkürzungsweise ist in dieser Tabelle und im folgenden eingeführt

$$\lambda = (a + 2b) : a, \qquad\qquad \lambda' = (a' + 2b') : a',$$
$$f = aa' + ab' + a'b,$$
$$g = aa' - 4bb', \qquad\qquad k = aa' - 2bb', \tag{77}$$
$$e = a(a' + b'), \qquad\qquad e' = a'(a + b).$$

Durch einfache zyklische Vertauschung findet man dann die durch $S_{10} = 1$ bezw. $S_{11} = 1$, $S_{12} = 1$ hervorgerufenen Spannungskomponenten v_i bezw. x_i, y_i so, wie sie in der Tabelle (78) enthalten sind.

	u	v	x	y
1	$+ g + b(\lambda'a' - \lambda b')$	$- \lambda b'^2$	$+ \lambda bb'$	$- b'(\lambda'a' - \lambda b')$
2	$- b(\lambda a - \lambda'b)$	$+ g + b'(\lambda a - \lambda'b)$	$- \lambda'b^2$	$+ \lambda'bb'$
3	$+ \lambda bb'$	$- b'(\lambda'a' - \lambda b')$	$+ g + b(\lambda'a' - \lambda b')$	$- \lambda b'^2$
4	$- \lambda'b^2$	$+ \lambda'bb'$	$- b(\lambda a - \lambda'b)$	$+ g + b'(\lambda a - \lambda'b)$
5	$- c'(\lambda a - \lambda'b)$	$+ c'(\lambda a - \lambda'b)\, b' : b$	$- \lambda'bc'$	$+ \lambda'b'c'$
6	$+ \lambda bc$	$- c(\lambda'a' - \lambda b')$	$+ c(\lambda'a' - \lambda b')\, b : b'$	$- \lambda b'c$
7	$- \lambda'bc'$	$+ \lambda'b'c'$	$- c'(\lambda a - \lambda'b)$	$+ c'(\lambda a - \lambda'b)\, b' : b$
8	$+ c(\lambda'a' - \lambda b')\, b : b'$	$- \lambda b'c$	$+ \lambda bc$	$- c(\lambda'a' - \lambda b')$
9	$+ g$	0	0	0
10	0	$+ g$	0	0
11	0	0	$+ g$	0
12	0	0	0	$+ g$
13	$- \lambda bb'$	$+ b'(g : b + \lambda'a' - \lambda b')$	$- b(\lambda'a' - \lambda b')$	$+ \lambda b'^2$
14	$+ \lambda'b^2$	$- \lambda'bb'$	$+ b(g : b' + \lambda a - \lambda'b)$	$- b'(\lambda a - \lambda'b)$
15	$- b(\lambda'a' - \lambda b')$	$+ \lambda b'^2$	$- \lambda bb'$	$+ b'(g : b + \lambda'a' - \lambda b')$
16	$+ b(g : b' + \lambda a - \lambda'b)$	$- b'(\lambda a - \lambda'b)$	$+ \lambda'b^2$	$- \lambda'bb'$
17	0	$- gd : b$	0	0
18	0	0	$- gd : b'$	0
19	0	0	0	$- gd : b$
20	$- gd : b'$	0	0	0
21	$+ \lambda'a'b$	$- (\lambda a - \lambda'b)\, a'b' : b$	$+ \lambda'a'b$	$- \lambda'a'b'$
22	$- \lambda ab$	$+ \lambda ab'$	$- (\lambda'a' - \lambda b')ab : b'$	$+ \lambda ab'$
23	$+ \lambda'a'b$	$- \lambda'a'b'$	$+ \lambda'a'b$	$- (\lambda a - \lambda'b)\, a'b' : b$
24	$- (\lambda'a' - \lambda b')ab : b'$	$+ \lambda ab'$	$- \lambda ab$	$+ \lambda ab'$

$$\tag{78}$$

	u	v	x	y
25	0	$-gb':b$	0	0
26	0	0	$-gb:b'$	0
27	0	0	0	$-gb':b$
28	$-gb:b'$	0	0	0
29	$+\lambda'a'b$	$-\lambda'a'b'$	$+\lambda'a'b$	$-\lambda'a'b'$
30	$-\lambda ab$	$+\lambda ab'$	$-\lambda ab$	$+\lambda ab'$
31	$+\lambda'a'b$	$-\lambda'a'b'$	$+\lambda'a'b$	$-\lambda'a'b'$
32	$-\lambda ab$	$+\lambda ab'$	$-\lambda ab$	$+\lambda ab'$

Die Teilspannungen unter dem Einfluß der äußeren Kräfte allein, also unter der Annahme $S_9 = S_{10} = S_{11} = S_{12} = 0$, werden ebenfalls mit einem Cremonaplan gefunden. Dann ist Si — was hier wie im folgenden stets die Grundrißprojektion der im Kuppelstab i auftretenden Spannung vorstellt —

$$S_i = T_i + u_i\,S_9 + v_i\,S_{10} + x_i\,S_{11} + y_i\,S_{12}.$$

So wird z. B.

$$gS_8 : c = gT_8 : c + S_9(\lambda'a' - \lambda b')b : b' - S_{10}\lambda b'$$
$$+ S_{11}\lambda b - S_{12}(\lambda'a' - \lambda b'),$$
$$gS_{16} : b = gT_{16} : b + S_9(g : b' + \lambda a - \lambda'b) - S_{10}(\lambda a - \lambda'b)b' : b \tag{79}$$
$$+ S_{11}\lambda'b - S_{12}\lambda'b'.$$

Es empfiehlt sich, mit Rücksicht auf die nachfolgenden Rechnungen die stets wiederkehrenden Quotienten $S_8 : c$, $T_8 : c$, $S_9 : b'$, $S_{10} : b$ usw. einfacher zu schreiben und demgemäß zu setzen:

$$
\begin{aligned}
&S_5 : c' = \mathfrak{S}_5, && S_6 : c = \mathfrak{S}_6, && S_7 : c' = \mathfrak{S}_7, && S_8 : c = \mathfrak{S}_8; \\
&T_5 : c' = \mathfrak{T}_5, && T_6 : c = \mathfrak{T}_6, && T_7 : c' = \mathfrak{T}_7, && T_8 : c = \mathfrak{T}_8; \\
&S_9 : b' = \mathfrak{S}_9, && S_{10} : b = \mathfrak{S}_{10}, && S_{11} : b' = \mathfrak{S}_{11}, && S_{12} : b = \mathfrak{S}_{12}; \\
&T_9 : b' = \mathfrak{T}_9, && T_{10} : b = \mathfrak{T}_{10}, && T_{11} : b' = \mathfrak{T}_{11}, && T_{12} : b = \mathfrak{T}_{12}; \\
&S_{13} : b' = \mathfrak{S}_{13}, && S_{14} : b = \mathfrak{S}_{14}, && S_{15} : b' = \mathfrak{S}_{15}, && S_{16} : b = \mathfrak{S}_{16}; \\
&T_{13} : b' = \mathfrak{T}_{13}, && T_{14} : b = \mathfrak{T}_{14}, && T_{15} : b' = \mathfrak{T}_{15}, && T_{16} : b = \mathfrak{T}_{16}; \\
&Z_1 : h = \mathfrak{Z}_1, && Z_2 : h = \mathfrak{Z}_2, && Z_3 : h = \mathfrak{Z}_3, && Z_4 : h = \mathfrak{Z}_4.
\end{aligned}
\tag{80}
$$

Mit diesen neuen Symbolen wird Gleichung (79)

$$g\mathfrak{S}_8 = g\mathfrak{T}_8 + \mathfrak{S}_9(\lambda'a' - \lambda b')b - \mathfrak{S}_{10}\lambda bb' + \mathfrak{S}_{11}\lambda bb'$$
$$- \mathfrak{S}_{12}(\lambda'a' - \lambda b')b,$$
$$g\mathfrak{S}_{16} = g\mathfrak{T}_{16} + \mathfrak{S}_9[g + b'(\lambda a - \lambda'b)] - \mathfrak{S}_{10}(\lambda a - \lambda'b)b' \tag{79a}$$
$$+ \mathfrak{S}_{11}\lambda'bb' - \mathfrak{S}_{12}\lambda'bb'.$$

88. Die vier Gleichungen nun, welche die Unbekannten S_9, S_{10}, S_{11}, S_{12} ermitteln lassen, sind die Gleichgewichtsbedingungen an den vier Knotenpunkten des obern Ringes gegen Verschiebung in der z-, d. i. in der Lotrichtung.

Am Knoten I liefern die Spannungen der Ringstäbe 4 und 1 keinen Beitrag zur Verschiebung in der z-Richtung, siehe Abb. 59 und 61; die Spannungen der beiden Gratstäbe 9 und 16 liefern den Beitrag $S_9 h : b'$ bezw. $S_{16} h : b$, wenn h die Höhe der Kuppel ist; die Spannung des Diagonalstabes 8 liefert den Beitrag $S_8 h : c$. Die äußere Kraft P am Knoten I zerlegt man in drei Komponenten: eine Z lotrecht, nach oben positiv gezählt, die beiden andern in Richtung der anstoßenden Ringstäbe. Dann wird die Gleichgewichtsbedingung gegen Translation in lotrechter Richtung am Knoten I und entsprechend die an den übrigen Knotenpunkten

$$S_9\, h : b' + S_{16} h : b + S_8 h : c = Z_1,$$
$$S_{10} h : b + S_{13} h : b' + S_5 h : c' = Z_2,$$
$$S_{11} h : b' + S_{14} h : b + S_6 h : c = Z_3,$$
$$S_{12} h : b + S_{15} h : b' + S_7 h : c' = Z_4. \tag{81}$$

Oder mit Zuhilfenahme der neuen Symbole (80)

$$\mathfrak{S}_9 + \mathfrak{S}_{16} + \mathfrak{S}_8 = \mathfrak{Z}_1,$$
$$\mathfrak{S}_{10} + \mathfrak{S}_{13} + \mathfrak{S}_5 = \mathfrak{Z}_2,$$
$$\mathfrak{S}_{11} + \mathfrak{S}_{14} + \mathfrak{S}_6 = \mathfrak{Z}_3,$$
$$\mathfrak{S}_{12} + \mathfrak{S}_{15} + \mathfrak{S}_7 = \mathfrak{Z}_4. \tag{81a}$$

89. Die Tabelle (78) läßt die in diesen vier Gleichungen auftretenden Spannungen S_5, S_6, ... S_{16} alle nach S_9, S_{10}, S_{11}, S_{12} und nach den äußeren Kräften ausdrücken, so wie in (79) geschah, und damit die vorausgehenden Gleichungen auf die Form

$$\alpha\,\mathfrak{S}_9 - \beta\,\mathfrak{S}_{10} + \gamma\,\mathfrak{S}_{11} - \delta\,\mathfrak{S}_{12} = g\,\mathfrak{A}_1,$$
$$\alpha'\mathfrak{S}_{10} - \beta'\mathfrak{S}_{11} + \gamma'\mathfrak{S}_{12} - \delta'\mathfrak{S}_9 = g\,\mathfrak{A}_2,$$
$$\alpha\,\mathfrak{S}_{11} - \beta\,\mathfrak{S}_{12} + \gamma\,\mathfrak{S}_9 - \delta\,\mathfrak{S}_{10} = g\,\mathfrak{A}_3,$$
$$\alpha'\mathfrak{S}_{12} - \beta'\mathfrak{S}_9 + \gamma'\mathfrak{S}_{10} - \delta'\mathfrak{S}_{11} = g\,\mathfrak{A}_4 \tag{82}$$

bringen, wobei

$$\begin{aligned}
\alpha &= \lambda(aa' - ab' - bb') + \lambda'(aa' - a'b - bb') = \alpha',\\
\beta &= \qquad\qquad b'[\lambda(a + b) - \lambda'b] \qquad\qquad = \delta',\\
\gamma &= \qquad\qquad bb'(\lambda + \lambda') \qquad\qquad\quad = \gamma',\\
\delta &= \qquad\qquad b[\lambda'(a' + b') - \lambda b'] \qquad\quad = \beta';
\end{aligned} \tag{83}$$

und

$$\mathfrak{A}_1 = \mathfrak{Z}_1 - (\mathfrak{T}_8 + \mathfrak{T}_{16}),$$
$$\mathfrak{A}_2 = \mathfrak{Z}_2 - (\mathfrak{T}_5 + \mathfrak{T}_{13}),$$
$$\mathfrak{A}_3 = \mathfrak{Z}_3 - (\mathfrak{T}_6 + \mathfrak{T}_{14}),$$
$$\mathfrak{A}_4 = \mathfrak{Z}_4 - (\mathfrak{T}_7 + \mathfrak{T}_{15}).$$
$$(84)$$

Die Gleichungen (81) lassen sich unschwer lösen, wenn man passend kombiniert und mit den Formen $S_9 \pm S_{11}$, $S_{10} \pm S_{12}$ operiert. Man erhält zunächst

$$+ (\alpha + \gamma)(\mathfrak{S}_9 + \mathfrak{S}_{11}) - (\beta + \delta)(\mathfrak{S}_{10} + \mathfrak{S}_{12}) = (\mathfrak{A}_1 + \mathfrak{A}_3) g,$$
$$- (\beta' + \delta')(\mathfrak{S}_9 + \mathfrak{S}_{11}) + (\alpha' + \gamma')(\mathfrak{S}_{10} + \mathfrak{S}_{12}) = (\mathfrak{A}_2 + \mathfrak{A}_4) g,$$
$$+ (\alpha - \gamma)(\mathfrak{S}_9 - \mathfrak{S}_{11}) - (\beta - \delta)(\mathfrak{S}_{10} - \mathfrak{S}_{12}) = (\mathfrak{A}_1 - \mathfrak{A}_3) g,$$
$$+ (\beta' - \delta')(\mathfrak{S}_9 - \mathfrak{S}_{11}) + (\alpha' - \gamma')(\mathfrak{S}_{10} - \mathfrak{S}_{12}) = (\mathfrak{A}_2 - \mathfrak{A}_4) g,$$

und daraus nach Substitution der Werte α, β, . . ., für welche mit Berücksichtigung von (83)

$$\alpha + \gamma = f + g = \alpha' + \gamma',$$
$$\beta + \delta = f - g = \beta' + \delta',$$
$$(\alpha - \gamma) a a' = (e + e') g = (\alpha' - \gamma') a a',$$
$$(\beta - \delta) a a' = (e - e') g = - (\beta' - \delta') a a',$$

gilt,

$$+ (\mathfrak{S}_9 + \mathfrak{S}_{11})(f + g) - (\mathfrak{S}_{10} + \mathfrak{S}_{12})(f - g) = (\mathfrak{A}_1 + \mathfrak{A}_3) g,$$
$$- (\mathfrak{S}_9 + \mathfrak{S}_{11})(f - g) + (\mathfrak{S}_{10} + \mathfrak{S}_{12})(f + g) = (\mathfrak{A}_2 + \mathfrak{A}_4) g,$$
$$+ (\mathfrak{S}_9 - \mathfrak{S}_{11})(e + e') - (\mathfrak{S}_{10} - \mathfrak{S}_{12})(e - e') = (\mathfrak{A}_1 - \mathfrak{A}_3) a a',$$
$$- (\mathfrak{S}_9 - \mathfrak{S}_{11})(e - e') + (\mathfrak{S}_{10} - \mathfrak{S}_{12})(e + e') = (\mathfrak{A}_2 - \mathfrak{A}_4) a a'.$$
$$(85)$$

Mit Einführung von

$$4\,\mathfrak{S} = (\mathfrak{A}_1 + \mathfrak{A}_3 + \mathfrak{A}_2 + \mathfrak{A}_4) + \frac{g}{f}(\mathfrak{A}_1 + \mathfrak{A}_3 - \mathfrak{A}_2 - \mathfrak{A}_4),$$

$$4\,\mathfrak{S}' = (\mathfrak{A}_1 + \mathfrak{A}_3 + \mathfrak{A}_2 + \mathfrak{A}_4) = \frac{g}{f}(\mathfrak{A}_1 + \mathfrak{A}_3 - \mathfrak{A}_2 - \mathfrak{A}_4),$$

$$4\,\mathfrak{D} = \frac{a}{a+b}(\mathfrak{A}_1 - \mathfrak{A}_3 + \mathfrak{A}_2 - \mathfrak{A}_4) + \frac{a'}{a'+b'}(\mathfrak{A}_1 - \mathfrak{A}_3 - \mathfrak{A}_2 + \mathfrak{A}_4),$$

$$4\,\mathfrak{D}' = \frac{a}{a+b}(\mathfrak{A}_1 - \mathfrak{A}_3 + \mathfrak{A}_2 - \mathfrak{A}_4) - \frac{a'}{a'+b'}(\mathfrak{A}_1 - \mathfrak{A}_3 - \mathfrak{A}_2 + \mathfrak{A}_4),$$
$$(86)$$

wodurch dann die Zyklen

$$(\mathfrak{S},\ \mathfrak{S}',\ \mathfrak{S},\ \mathfrak{S}'),$$
$$(\mathfrak{D},\ \mathfrak{D}',\ -\mathfrak{D},\ -\mathfrak{D}')$$

gegeben sind, wird aus dem ersten bezw. zweiten Gleichungspaar von (85)

$$\left.\begin{matrix} \mathfrak{S}_9 + \mathfrak{S}_{11} = \mathfrak{S} \\ \mathfrak{S}_9 - \mathfrak{S}_{11} = \mathfrak{D} \end{matrix}\right\}\ \text{bezw.}\ \left.\begin{matrix} \mathfrak{S}_{10} + \mathfrak{S}_{12} = \mathfrak{S}' \\ \mathfrak{S}_{10} - \mathfrak{S}_{12} = \mathfrak{D}' \end{matrix}\right\},$$

oder

$$\begin{aligned} S_9 &= {}^1\!/_2\, b'\, (\mathfrak{S} + \mathfrak{D}),\\ S_{10} &= {}^1\!/_2\, b\, (\mathfrak{S}' + \mathfrak{D}'),\\ S_{11} &= {}^1\!/_2\, b'\, (\mathfrak{S} - \mathfrak{D}),\\ S_{12} &= {}^1\!/_2\, b\, (\mathfrak{S}' - \mathfrak{D}'). \end{aligned} \tag{87}$$

Der Zyklus ist naturgemäß bis zum Schluß erhalten geblieben und dient als Kontrolle: aus der Formel für S_9 gehen diejenigen für S_{10}, S_{11}, S_{12} durch zyklische Vertauschung hervor.

Hat man mit einem zweiten bezw. dritten Kräfteplan die T_i ermittelt, so ist mit vorstehenden Formeln die Aufgabe im Prinzip gelöst.

90. Den Abschluß bilde die kurze Angabe, wie man analytisch Formeln für die T_i und damit auch für die A_i aufstellt. Zu diesem Zweck führt man die Bezeichnung der Komponenten der äußern Kräfte wieder derart durch, daß der vierelementige Zyklus weiter erhalten bleibt. Die lotrechten Komponenten sind schon mit Z bezeichnet worden. Von den in Richtung der Ringstäbe gehenden zwei Komponenten am Knoten i des obern Ringes nennt man die von i nach $i+1$ gerichtete $P_{i,\,i+1}$, die von i nach $i-1$ gehende $P_{i,\,i-1}$, siehe Abb. 61. Dadurch sind dann die Komponentenzyklen

$$(P_{12},\ P_{23},\ P_{34},\ P_{41}),\quad (P_{14},\ P_{21},\ P_{32},\ P_{43})$$

gegeben. An dem untern Knotenpunkt V sind die Komponenten P_{51} und $P_{5\,10}$ genannt, wodurch mit Berücksichtigung der übrigen Knoten VI, VII, VIII die Zyklen

$$(P_{51},\ P_{62},\ P_{73},\ P_{84}),\quad (P_{5\,10},\ P_{6\,11},\ P_{7\,12},\ P_{89})$$

gegeben sind. Die am Knotenpunkt IX angreifende Kraft bezw. ihre Komponenten P_{98} und P_{91} bestimmen mit Heranziehung der Knoten X, XI, XII die Zyklen

$$(P_{98},\ P_{10\,5},\ P_{11\,6},\ P_{12\,7}),\quad (P_{91},\ P_{10\,2},\ P_{11\,3},\ P_{12\,4}).$$

Von diesen Kräften nun bleiben $P_{5\,10}$ und P_{98} außer Betracht, da sie von den Stäben 21 bezw. 28 sofort zu den horizontalen Lagern geleitet werden. In die Abb. 61 sind deswegen diese Kräfte und die ihnen zyklisch entsprechenden nicht eingezeichnet. $P_{12} = 1$

	Mit g multiplizierte Spannungen unter dem Einfluß von			
	P_{12}	P_{14}	P_{51}	P_{91}
1	$- (aa' - 3\,bb')$	$- kb' : a$	$- kb' : a$	$+ kb : a$
2	$+ kb : a'$	$+ bb'$	$+ bb'$	$- b^2$
3	$- bb'$	$- 2\,bb'^2 : a$	$- 2\,bb'^2 : a$	$+ 2\,b^2b' : a$
4	$+ 2\,b^2b' : a'$	$+ bb'$	$+ bb'$	$- b^2$
5	$+ kc' : a'$	$+ b'c'$	$+ b'c'$	$- bc'$
6	$- bc$	$- 2\,bb'c : a$	$- 2\,bb'c : a$	$+ 2\,b^2c : a$
7	$+ 2\,bb'c' : a'$	$+ b'c'$	$+ b'c'$	$- bc'$
8	$- bc$	$- kc : a$	$- kc : a$	$+ kbc : ab'$
13	$+ bb'$	$+ 2\,bb'^2 : a$	$+ 2\,bb'^2 : a$	$- 2\,b^2b' : a$
14	$- 2\,b^2b' : a'$	$- bb'$	$- bb'$	$+ b^2$
15	$+ bb'$	$+ kb' : a$	$+ kb' : a$	$- kb : a$
16	$- kb : a'$	$- bb'$	$- bb' - g$	$+ b^2 + gb : b'$
17	0	0	0	0
18	0	0	0	0
19	0	0	0	0
20	0	0	0	$- gd : b'$
21	$- k$	$- a'b'$	$- a'b'$	$+ a'b - g$
22	$+ ab$	$+ 2\,bb'$	$+ 2\,bb'$	$- 2\,b^2$
23	$- 2\,bb'$	$- a'b'$	$- a'b'$	$+ a'b$
24	$+ ab$	$+ k$	$+ k$	$- kb : b'$
25	0	0	0	0
26	0	0	0	0
27	0	0	0	0
28	0	0	0	$- gb : b'$
29	$- k$	$- a'b'$	$- a'b'$	$+ a'b - g$
30	$+ ab$	$+ 2\,bb'$	$+ 2\,bb'$	$- 2\,b^2$
31	$- 2\,bb'$	$- a'b'$	$- a'b'$	$+ a'b$
32	$+ ab$	$+ k$	$+ k$	$- 2\,b^2$

$$(88)$$

ruft Teilspannungen hervor, die aus dem Cremonaplan der Abb. 64 abzulesen sind.

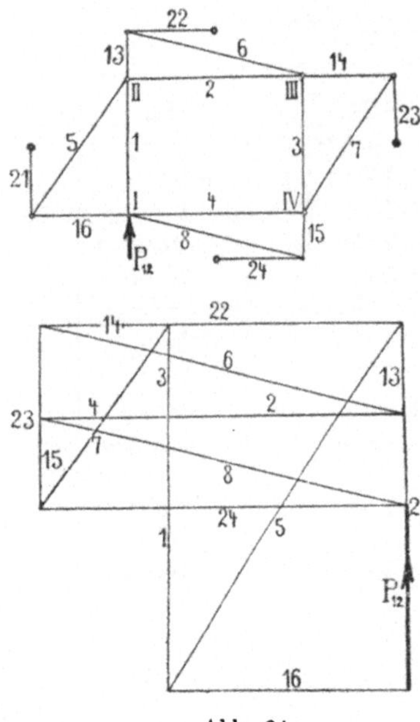

Abb. 64.

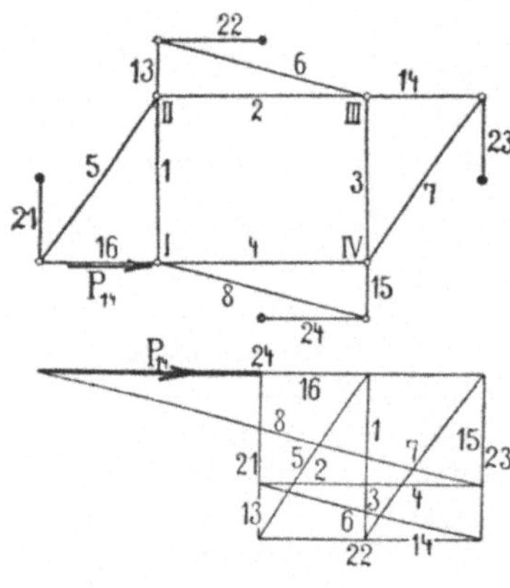

Abb. 65.

Der übersichtlicheren Schreibweise wegen werden diese sowie die noch zu berechnenden Teilspannungen alle mit dem Faktor $g = aa' - 4\,bb'$ multipliziert, ehe man sie in die Tabelle (88) zusammenstellt. Die Teilspannungen unter dem Einfluß von $P_{14} = 1$ gibt dieselbe Tabelle mit Hilfe des Cremonaplanes der Abb. 65. Die Kraft $P_{51} = 1$ bestimmt die nämlichen Teilspannungen wie $P_{14} = 1$, ausgenommen im Stab 16, dessen Spannung um den Druck -1 größer wird. Die Kraft $P_{91} = 1$ zerlegt man in zwei Komponenten: die eine $b : b'$ wird vom Stab 28 unmittelbar zum horizontalen Lager geleitet; die zweite $d : b'$ zunächst vom Stab 20 zum Knoten V geführt; dortselbst zerlegt man sie wiederum in eine Komponente $P'_{5\,10} = +\,1$, unmittelbar zum horizontalen Lager durch den Stab 21 geleitet, und eine zweite $P'_{51} = -\,b : b'$, deren Spannungsbild schon durch jenes von $P_{51} = 1$ mitbestimmt ist. Die Teilspannungen unter dem Einfluß von P_{23}, P_{34} usw. erhält man durch zyklische Vertauschung.

91. Es empfiehlt sich wieder, die oft auftretenden Quotienten $P_{12} : a'$, $P_{23} : a$, $\ldots$ einfacher zu schreiben, also zu setzen

$$P_{12}:a'=\mathfrak{P}_{12}, \quad P_{23}:a=\mathfrak{P}_{23}, \quad P_{34}:a'=\mathfrak{P}_{34}, \quad P_{41}:a=\mathfrak{P}_{41};$$
$$P_{21}:a'=\mathfrak{P}_{21}, \quad P_{32}:a=\mathfrak{P}_{32}, \quad P_{43}:a'=\mathfrak{P}_{43}; \quad P_{14}:a=\mathfrak{P}_{14};$$
$$P_{51}:b=\mathfrak{P}_{51}, \quad P_{62}:b'=\mathfrak{P}_{62}, \quad P_{73}:b=\mathfrak{P}_{73}, \quad P_{84}:b'=\mathfrak{P}_{84}; \qquad (89)$$
$$P_{91}:b'=\mathfrak{P}_{91}, \quad P_{10\,2}:b=\mathfrak{P}_{10\,2}, \quad P_{11\,3}:b'=\mathfrak{P}_{11\,3}, \quad P_{12\,4}:b=\mathfrak{P}_{12\,4}.$$

Dann kann man die aus der Tabelle (88) abzulesende Spannung T_8 oder besser

$$
\begin{aligned}
gT_8:c = & -P_{12}\,b && + 2P_{23}\,bb':a && - P_{34}\,b && + P_{41}\,k:a \\
& -P_{14}\,k:a && + P'_{21}\,b && - 2P_{32}\,bb':a && + P_{43}\,b \\
& -P_{51}\,k:a && + P_{62}\,b && - 2P_{73}\,bb':a && + P_{84}\,b \\
& +P_{91}\,kb:ab' && - P_{10\,2}\,b^2:b' && + 2P_{11\,3}\,b^2:a && - P_{12\,4}\,b^2:b',
\end{aligned}
$$

wenn man noch

$$
\begin{aligned}
(P_{14}+P_{51}-P_{91}\,b:b'):a &= P'_{14}:a = \mathfrak{P}'_{14}, \\
(P_{21}+P_{62}-P_{10\,2}\,b':b):a' &= P'_{21}:a' = \mathfrak{P}'_{21}, \\
(P_{32}+P_{73}-P_{11\,3}\,b:b'):a &= P'_{32}:a = \mathfrak{P}'_{32}, \\
(P_{43}+P_{84}-P_{12\,4}\,b':b):a' &= P'_{43}:a' = \mathfrak{P}'_{43}
\end{aligned}
\qquad (90)
$$

setzt, in der einfacheren Form

$$
\begin{aligned}
-g\mathfrak{T}_8 = & \ (\mathfrak{P}_{12}-\mathfrak{P}'_{21})\,a'b - 2(\mathfrak{P}_{23}-\mathfrak{P}'_{32})\,bb' \\
& + (\mathfrak{P}_{34}-\mathfrak{P}'_{43})\,a'b - (\mathfrak{P}_{41}-\mathfrak{P}'_{14})\,k
\end{aligned}
$$

anschreiben. Ebenso kann man T_{16} zunächst aus der Tabelle (88) ablesen als

$$
\begin{aligned}
gT_{16}:b = & -P_{12}\,k:a && + P_{23}\,b' && - 2P_{34}\,bb':a' && + P_{41}\,b' \\
& -P_{14}\,b' && + P_{21}\,k:a' && - P_{32}\,b' && + 2P_{43}\,bb':a' \\
& -P_{51}(b'+g:b) && + P_{62}\,k:a' && - P_{73}\,b' && + 2P_{84}\,bb':a' \\
& +P_{91}(b+g:b') && - P_{10\,2}\,kb:a'b' && + P_{11\,3}\,b && - 2P_{12\,4}\,b^2:a',
\end{aligned}
$$

und dann wieder mit Hilfe der Symbole (89) und (90) anschreiben in der Form

$$
\begin{aligned}
-g\mathfrak{T}_{16} = & \ (\mathfrak{P}_{12}-\mathfrak{P}'_{21})\,k - (\mathfrak{P}_{23}-\mathfrak{P}'_{32})\,ab' \\
& + 2(\mathfrak{P}_{34}-\mathfrak{P}'_{43})\,bb' - (\mathfrak{P}_{41}-\mathfrak{P}'_{14})\,ab' \\
& + (\mathfrak{P}_{51}-\mathfrak{P}_{91})\,g.
\end{aligned}
$$

92. Um S_9, S_{10}, S_{11}, S_{12} zu erhalten, bildet man zunächst die Größen $\mathfrak{A}_1$, $\mathfrak{A}_2$, $\mathfrak{A}_3$, $\mathfrak{A}_4$, alsdann die Formen

$$(\mathfrak{A}_1+\mathfrak{A}_3)\pm(\mathfrak{A}_2+\mathfrak{A}_4) \quad \text{und} \quad (\mathfrak{A}_1-\mathfrak{A}_3)\pm(\mathfrak{A}_2-\mathfrak{A}_4).$$

Nach (84) ist

$$
\begin{aligned}
g\mathfrak{A}_1 = & \ g\mathfrak{Z}_1 - g(\mathfrak{T}_8+\mathfrak{T}_{16}) \\
= & \ g\mathfrak{Z}_1 + (\mathfrak{P}_{12}-\mathfrak{P}'_{21})(a'b+k) - (\mathfrak{P}_{23}-\mathfrak{P}'_{32})(a+2b)b' \\
& + (\mathfrak{P}_{34}-\mathfrak{P}'_{43})(a'+2b')b - (\mathfrak{P}_{41}-\mathfrak{P}'_{14})(ab'+k) \\
& + (\mathfrak{P}_{51}-\mathfrak{P}_{91})\,g.
\end{aligned}
$$

$g\mathfrak{A}_2$, $g\mathfrak{A}_3$, $g\mathfrak{A}_4$ erhält man durch zyklische Vertauschung und alsdann die Formen

$$\mathfrak{A}_1 + \mathfrak{A}_3 + \mathfrak{A}_2 + \mathfrak{A}_4 = \mathfrak{Z}_1 + \mathfrak{Z}_3 + \mathfrak{Z}_2 + \mathfrak{Z}_4$$
$$+ (\mathfrak{P}_{51} + \mathfrak{P}_{73} + \mathfrak{P}_{62} + \mathfrak{P}_{84})$$
$$- (\mathfrak{P}_{91} + \mathfrak{P}_{11\,3} + \mathfrak{P}_{10\,2} + \mathfrak{P}_{124});$$

$$\mathfrak{A}_1 + \mathfrak{A}_3 - \mathfrak{A}_2 - \mathfrak{A}_4 = \mathfrak{Z}_1 + \mathfrak{Z}_3 - \mathfrak{Z}_2 - \mathfrak{Z}_4$$
$$+ \frac{2\,a'\,(a+2\,b)}{g}(\mathfrak{P}_{12} - \mathfrak{P}'_{21} + \mathfrak{P}_{34} - \mathfrak{P}'_{43})$$
$$- \frac{2\,a\,(a'+2\,b')}{g}(\mathfrak{P}_{23} - \mathfrak{P}'_{32} + \mathfrak{P}_{41} - \mathfrak{P}'_{14})$$
$$+ (\mathfrak{P}_{51} + \mathfrak{P}_{73} - \mathfrak{P}_{62} - \mathfrak{P}'_{84})$$
$$- (\mathfrak{P}_{91} + \mathfrak{P}_{11\,3} - \mathfrak{P}_{10\,2} - \mathfrak{P}_{124});$$

$$\mathfrak{A}_1 - \mathfrak{A}_3 + \mathfrak{A}_2 - \mathfrak{A}_4 = \mathfrak{Z}_1 - \mathfrak{Z}_3 + \mathfrak{Z}_2 - \mathfrak{Z}_4$$
$$+ 2\,(\mathfrak{P}_{23} - \mathfrak{P}'_{32} - \mathfrak{P}_{41} + \mathfrak{P}'_{14})$$
$$+ (\mathfrak{P}_{51} - \mathfrak{P}_{73} + \mathfrak{P}_{62} - \mathfrak{P}_{84})$$
$$- (\mathfrak{P}_{91} - \mathfrak{P}_{11\,3} + \mathfrak{P}_{10\,2} - \mathfrak{P}_{124});$$

$$\mathfrak{A}_1 - \mathfrak{A}_3 - \mathfrak{A}_2 + \mathfrak{A}_4 = \mathfrak{Z}_1 - \mathfrak{Z}_3 - \mathfrak{Z}_2 + \mathfrak{Z}_4$$
$$+ 2\,(\mathfrak{P}_{12} - \mathfrak{P}'_{21} - \mathfrak{P}_{34} + \mathfrak{P}'_{43})$$
$$+ (\mathfrak{P}_{51} - \mathfrak{P}_{73} - \mathfrak{P}_{62} + \mathfrak{P}_{84})$$
$$- (\mathfrak{P}_{91} - \mathfrak{P}_{11\,3} - \mathfrak{P}_{10\,2} + \mathfrak{P}_{124}).$$

Diese vier Formen, für die man noch abkürzende Symbole einführen kann, bestimmen nach (86) und (87) recht einfach die gesuchten Spannungen, womit, wie bereits erwähnt, im Prinzip die Aufgabe gelöst ist.